高效工作術。

6種一分鐘思維與71項實戰心法，
讓你工作提速、業績超標、
下班準時！

在最短時間內，以最少的努力，
做出最大的成效！

1 分鐘 高效工作術。

6種一分鐘思維與71項實戰心法，
讓你工作提速、業績超標、
下班準時！

1 分鐘
高效工作術。

6種一分鐘思維與71項實戰心法，

導讀

台灣的讀者們，大家好！

我是這本書的作者松尾昭仁。身為日本人的我，所寫的書能夠跨越了海洋而到達您的手中，讓我感到無上的喜悅。

這本書當中介紹了許多只用一分鐘就能夠提高工作效率的方法。

台灣的人們既開朗又親切，友善而不拘小節，坦率又直接，若是能夠在閱讀本書後，實踐書中的內容，在工作上想必更加如虎添翼。

如果能藉由學習到書中的「聰明工作術」，過著從此不用加班的理想生活，相信一定能比現在增加更多與親友相伴的時間。

衷心期盼這本書能夠對台灣的讀者們有所助益。

二〇一五年九月九日

松尾昭仁

前言

一分鐘就能搞定的事，超乎你想像的多

才短短一分鐘，真能做什麼嗎？

看到本書標題，相信有不少人會抱此懷疑吧。

不過，在你下定論之前，請先將本篇前言從頭至尾詳讀一遍，約一分鐘就能讀完了。

一分鐘，足以讀完書本的三頁內容。這麼一想，你不覺得「一分鐘能完成的事，超乎想像的多」嗎？

我們面臨的現實問題是，人生**「有限的時間」非常短暫**。

而「非做不可的事情」卻多如牛毛，根本沒有餘裕逐一花時間慢慢完成。

這是許多商務人士的真實寫照。

可是，再怎樣的大忙人，**「也會有一分鐘的自由」**。

不，更正確的說法是，任何人**「只要有一分鐘，就能做很多事」**。

訂定一天事務的優先順序、瀏覽資料、整理桌面……不論再麻煩的事，只要有一分鐘，便能專心處理它，不是嗎？

而且，只要一分鐘工夫，就能夠不勉強也不徒勞的提升工作效率與產能……。

想起來是不是令人工作更帶勁？

「用更短的時間，以更小的努力，做出更大的成果」。

——未來需要的是這種「深得要領的工作術」。

一直被時間追著跑的人，總是「這也想做、那也想做」，受制於「想要更多」的執著。然而，想更多做更多倒還好，如果事事半途而廢，不知不覺地便陷入窮途末路的窘境……。

這種失敗案例，我已經看太多了。

請轉念。不要太貪心、欲求不滿，而是去思考「如何減少該做的事」。觀念一轉，工作便能輕鬆進行下去。

我每天早晨都花一分鐘做一件事，不是決定「要做的事」，而是決定「不做的事」。這麼一來便不會受制於多餘的事，而能真正投入「該做的事情」，自然而然，一整天的預定工作都能不勉強、不徒勞地完成，也就能快意過生活。

本書所介紹的要訣，正是出於這種發想而嚴選出來的工作術。

◆早上的工作就從「前一天的延續」開始。
◆「處理完畢的文件」直立放置。
◆資料「每隔一週」丟一次。
◆順利完成後就加以「標準程序化」。

本書滿載上列等諸多今日即能辦到、馬上做出成果的「一分鐘工作術」。改善你的工作速度、計畫、選擇與投入、不做白工、交涉、人際關係……一切都會好轉。相信本書能讓你自然學會「深得要領」的工作方法。

來吧，請你也利用「一分鐘工作術」來逐一實現「想做的事情」吧！

chapter 1

一分鐘「效率」術——速度提升品質

目錄 · CONTENTS

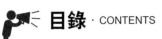

chapter 3

一分鐘「傳達」術——成功打動人心

目錄 · CONTENTS

chapter 4 一分鐘「捨棄」術——不再勉強、浪費、失誤

chapter 5

一分鐘「連結」術——順理成章的事情創造信賴

目錄 · CONTENTS

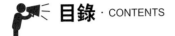

chapter

1

一分鐘「效率」術

速度提升品質

01 早上的工作就從「前一天的延續」開始

一分鐘，真的能做出什麼嗎？

你是不是還這麼納悶著呢？

可是，請你想一想，如果約會時對方遲到了一分鐘，你是不是覺得這一分鐘好漫長呢？

反之，聽喜歡的音樂、讀喜歡的書、做喜歡的運動，這些時候的一分鐘，彷彿咻一下就過去了。

有意義地度過一分鐘，或是白白浪費一分鐘，端看個人。要求在有限時間內做出成果的工作，更是如此。

能否善加利用短短的一分鐘，你的工作成果將大不同。

一早進公司，走到辦公桌前，當天待辦事項已經準備好放在桌上了。像這樣在前一天就為隔天的工作做好準備，應該很多人都會這麼做吧。

其他像是研究競爭對手的相關資料、必須見面洽商的案件、製作會議資料等等，內容五花八門，總之，前一天下班時決定好「明天再做」的工作，已經等在眼前了。

既然準備妥當，應能很有效率地著手才對，可是往往並非如此。

「唉！」地嘆一聲，總是心生抗拒或提不起勁，「不做不行」的焦躁感在心底作亂，腦袋和四肢動也動不了。

這是因為被「必須從零開始」這個想法箝制了。

正所謂萬事起頭難，「必須從零開始」會造成心理上莫大的負擔。

請想像背負重物爬山的狀態。如果背著背包坐下來簡單稍事休息後再上路，並不會感到多大的困難。

但如果你把背包和重物都卸下，還鋪墊子在地上一屁股坐下來休息，那麼再上路就不輕鬆了，非得要有「一鼓作氣」般的馬力才行。

工作也是如此，一早就得「一鼓作氣」，誰都會倍覺壓力。

秉性認真的日本人通常會抱著「工作必須做到告一段落才行」的心情，若尚未做完便加班努力完成。

但是，如果你所付出的這番努力反倒成為隔日工作的痛苦來源呢？

這根本就是本末倒置呀。

如果希望一早就能夠充滿幹勁地迎接工作，要訣就在於**前一天留下少許工作不要做完**，剩下的部分最好能夠在一分鐘之內完成。

即使今天手氣正順、做得興致勃勃，也請果斷喊卡。留下一點明天可以很快完成的工作量後，乾脆地下班去吧！

隔天早上，由於工作在昨天已經做得差不多了，自然能夠輕鬆完成。

「終點」就在眼前，馬上就能獲得成就感。

因此，你的「工作引擎」全開，也就能夠繼續進行下一個新工作了。

一分鐘工作術

幹勁全開的小撇步

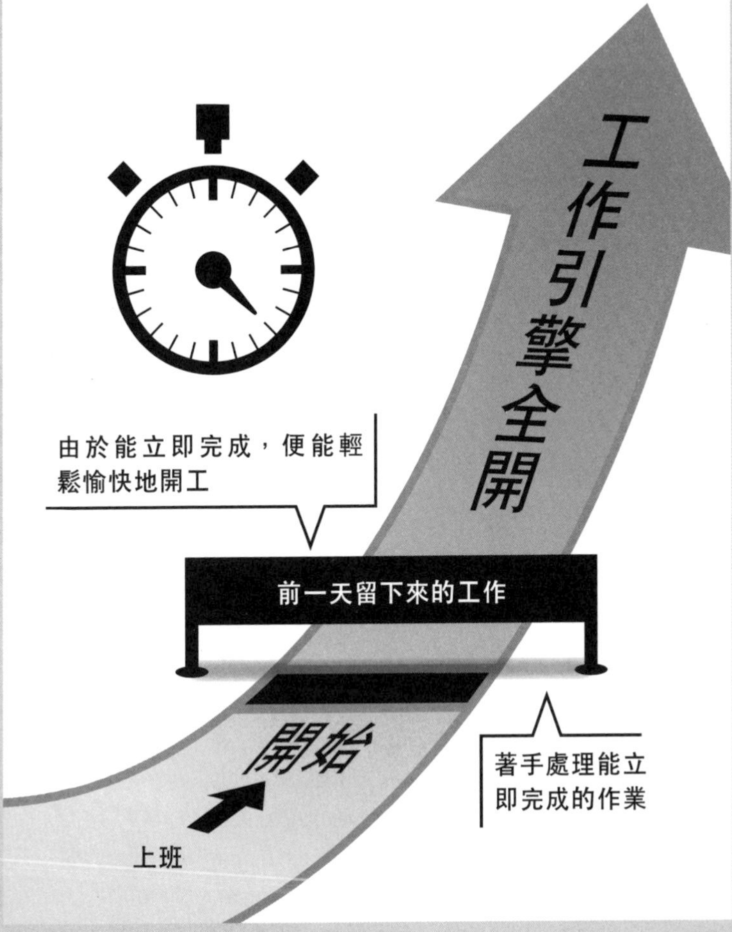

02 累積的工作「花一分鐘做看看」

「今天要做完這件和那件工作。」

依照自己立定的計畫開始一天工作，但卻事與願違的情況所在多有。出乎意料的事情一件一件接踵而來，上司又再指派新的工作……。就在諸事橫擾中，原本預定的工作根本就停滯不前。

如果只是一兩件工作停滯，還能想辦法挽回，但如果積少成多，便會淪為惡性循環。

好不容易完成了一件，又有兩件、三件不得不完成的事情擺在眼前，最後莫可奈何，陷入了「債台高築」、「被壓得喘不過氣」的窘境。

因為被壓得喘不過氣，於是心生「眼不見為淨」的鴕鳥心態。「剪不斷，理還亂，一想就煩」這種心情不難理解。

然而，就算你想逃避，但工作可不會自動消失，還是必須盡速解決為妙。但看到日積月累的待辦事項後，大多數人還是提不起鬥志吧。

這種時候，最重要的是提起「**一點點也好，先做再說吧**」的意念，先嘗試做個一分鐘看看。

不必將工作做完，「做一點點就停手」也無妨。事實上一旦做下去，往往比想像中還順利。

腦神經專科醫師築山節表示，人的大腦有一種機制，即使一開始感到萬事起頭難，**只要一開始著手，便會漸漸湧上幹勁**。築山醫師稱這種現象為「勞動興奮」。要推動一輛汽車，起初得非常費勁，但只要開始動了，就會超乎想像地容易前進。應該也是一樣的道理吧。

「啊，煩死了，討厭死了！」越是這樣想，越會使抗拒心理更強大。所以，請別想太多，就動手做個一分鐘看看吧。

這是成為「不累積工作的人」最強而有效的方法。

03 「同時進行」數件工作會更有效率

你每天都得面對各式各樣的工作。

必須對A公司報價、要在B公司進行提案、得準備好與C公司的合約書，此外，與D公司初次會面，不準備相關資料不行……。

諸事纏身，許多人因此大喊吃不消了。

要處理好這麼多工作，有以下兩種方式。

首先是「**逐一擊破法**」。今天處理A公司的報價單，明天搞定B公司的提案，如此依序逐一完成。

其次是「**同時進行法**」。

若問哪一種方法比較有效率，我個人認為是後者。

原因是，各項工作之間有互換性。為A公司所發想的點子就算行不通，或許能在B公司派上用場；嘗試用在C公司的做法，說不定也能應用在D公司。

以「轉盤子」要領同時進行多件工作

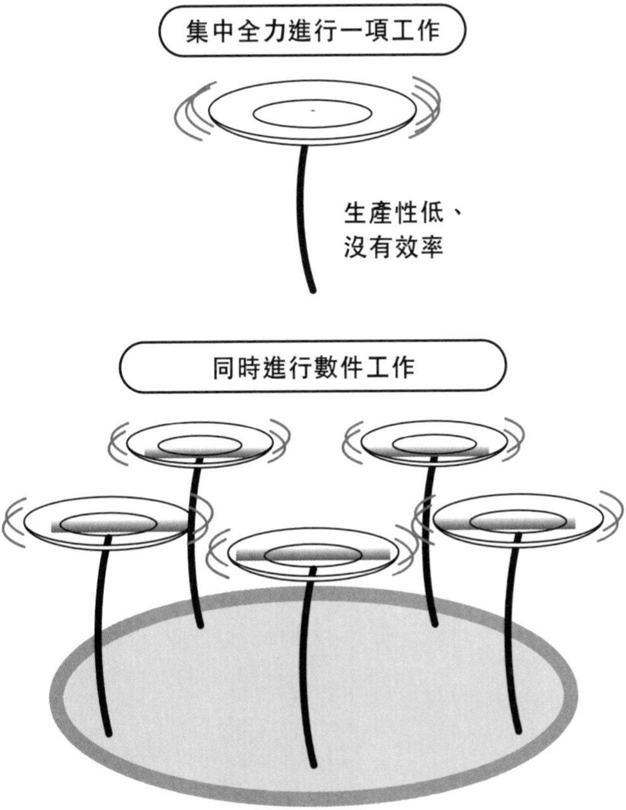

想法和做法都可互相應用，更具效率！

透過這種相互作用，不但靈感能泉湧而至，也能更輕易找到解決問題的方法。

具體的做法是，在電腦上同時打開各項工作的資料和文件，當天**工作未完成之前，不要關閉這些視窗**。

進行某一項工作時，如果想到其他案件，立刻切換到該視窗並及時處理。

以往沒有電腦的時代，若要同時進行多項工作，就得將大量資料攤開來，那麼桌面勢必亂七八糟，因此在從前，能夠一件一件工作依序完成的人，才能受到好評。

而今，一台電腦便能處理所有作業，也就能夠有條不紊地同時進行多項工作了。

一想到就能打開那件工作的文件及時處理，而腸枯思竭時，切換到其他視窗或許也能觸類旁通找到解決之道。

何不把你的電腦功能發揮到極限呢？

04 「處理完畢的文件」直立放置

「那件工作進行得如何了？」

面對上司的詢問，你是否有時不知道該怎麼回答呢？

雖然努力進行著，但已經做了一半？或是才做三分之一？有時連自己也搞不清楚。這是很多人的心聲吧。

因為，當中隱藏著一個令你無法保持工作熱情的要害。

那就是，如果看不見工作「還剩下多少」，是非常辛苦的。

尤其像是會計文件、製作報告書等例行性事務，在進行時往往會感到「窮極無聊」。我也曾經因為每天被一大堆例行性事務搞得分身乏術而厭煩地大喊：「到底有完沒完呀？」

最後我採取的對策是，將工作「可視化」。

未處理完的工作文件就平放在桌子上，露出封面，而**處理完畢的文件就豎立起來**

直放，這麼一來，直放的文件越來越多，心情便越來越輕鬆，也就能順利完成例行事務了。

你不一定要完全複製我的方法。你也可以將未處理完的文件放在右側，處理完畢的文件放在左側，重點在於呈現「**明顯的差別**」，以及「**可看到已完成的工作越來越多**」。

製造出這樣的環境，一天根本花不到一分鐘。

藉由將工作「可視化」，不僅能夠獲得「我完成這些了」的成就感，以及「就快做完了」的安心感，甚至還能定出目標「太好了，再兩個小時就可以全部搞定了」。

而且，也能夠更明確地回報上司提出關於進度的問題。

「目前完成了八成左右，預計這週五能提交給您。」

「今天可以完成四分之一，因此再三天就能處理完畢。」

以具體數字作答，更能大幅提升上司對你的信賴感。

將工作排入行事曆，只能算是二流做法，能夠將工作以分量排入日程表才是更重要的。

一分鐘工作術

將完成度「可視化」！

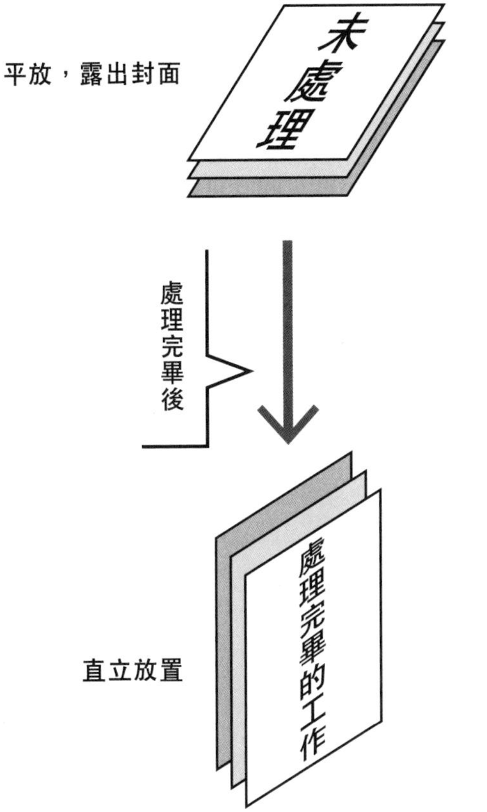

簡單步驟，激起幹勁！

05 將順利完成的工作「標準程序化」

能勝任工作者與不能勝任者的差別就在於「工作的速度」。製作相同的文件，比起不能勝任者，能力優秀者只需要一半或三分之一的時間就能完成，而且內容的完成度更高。

為何能勝任工作的人，效率都這麼高呢？

因為他們都**有一套自己的「標準作業程序」**。

不論是準備對客戶用的說明文件，或是製作提案資料、向上司提出建議時……在工作崗位上勝任愉快的人，自有一套應付各種狀況的黃金標準作業。

不過，他們並非為此特別花時間去處理，而是在曾經做過的工作當中，將**成功的模式建檔起來**而已。

例如，在準備關於業績的資料時，對方是新客戶或舊客戶？是男或女？是年輕新手或是頗有資歷的人，配合這些特性，從工作範本中找出最適合的作業程序。而斟

一分鐘工作術

靈活運用「過去的成功案例」

╳從頭開始太麻煩了

○改採過去成功的作業模式

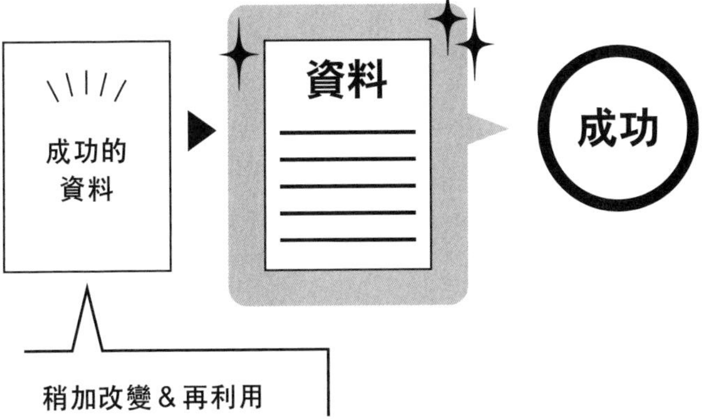

酌各種條件與屬性也只要一分鐘便足夠。換句話說，此時工作已完成了八成左右，剩下兩成作業就是依實際狀況進行細部調整。

不能勝任的人總是一切從頭開始，也因此完成的速度和時間都慢了。

你在工作上一定也曾經有過許多成功經驗吧。例如像是：

◆獲得上司好評的企劃書
◆自認寫得不錯的書信
◆順利通過的提案

將這些成功經驗全部建檔，然後隨時再利用。

「老是做同樣的事情不會進步。」

或許有人抱此想法。心情不難理解，但這種擔心是無用的。

雖說是套用模式，但每一次都會視情況加以調整、修正；而這個過程本身也在磨練你的功力。請建立一套自己的「標準作業程序」吧，拜此之賜，即便工作分量倍增，也定能輕鬆搞定。

06 「截長補短」只要一分鐘

不論你從事何種工作，創意、點子這類靈感各行各業多的是，可以觸類旁通。另一方面，有時往往絞盡腦汁，也未必能獲得一個好點子。

此時，與其閉門造車，不如**從其他業界汲取有益的想法**。

「只要是好的，就照單全收吧。」

抱持這種態度，廣泛接收新資訊，於是不可思議地，你所需要的資訊會源源不斷地接收過來。

據說，高級連鎖飯店「麗思卡爾頓」的員工，可以報公帳光明正大地去迪士尼樂園。

因為公司希望員工能夠學習迪士尼樂園這個主題樂園龍頭的待客之道，然後將他們的創意帶回飯店。

連高檔的麗思卡爾頓飯店都在實行「向外界學習」。

仔細想想，其實合情合理。因為「全新的想法」並不會泉湧而出，或許可說「創意已經都被發想出來了」。

而我們能做的，就是**「組合」既有的創意**。

舉例來說，我參加過各種研討會，主辦單位通常會為講師準備好飲料，但付費參加的學員卻什麼都沒有，我一直覺得很不合理。

有一次搭新幹線的商務車廂，車掌小姐遞給我一條濕毛巾，我備受感動，於是激發了我在課堂上為學員準備茶和濕毛巾的創意。

很多研討會都是老師高高在上，但新幹線的商務車廂會給乘客濕毛巾表示以客為尊，我將這個既有的創意加以發揮，便衍生出「來上我課的人，都能享有茶與濕毛巾的招待」了。

當然，不僅其他業界，自家公司也有很多地方可以作為參考。

請觀察表現活躍的同事與上司的工作狀況。業績好的人會利用大學畢業紀念冊來和老同學取得聯繫、建立人脈，或是細心的提供有益資訊給客戶，諸如此類，總是有自己的獨到做法。

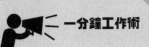

「組合」激發創意

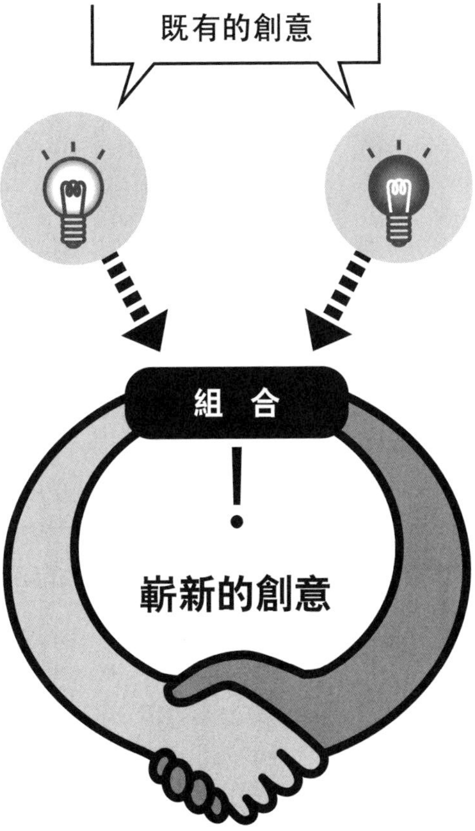

我這個人向來不喜歡排隊，但在收集創意的時候則不同。如果有家店長期都大排長龍，我會想要進去瞧個究竟。為什麼呢？因為那裡是「創意的寶庫」。

一家餐廳若僅僅是「還不錯吃」，生意不會持久興隆。真正的人氣餐廳會讓排隊的客人先看菜單，或是提供飲料等，我要觀察的就是這份服務的用心。

通常，人們塞在車陣中十分鐘就焦躁不安了，卻心甘情願在迪士尼樂園排隊兩小時。遊客之所以甘之如飴，就是園方讓遊客事先知道等待的時間，並提供有趣的介紹資料讓排隊不無聊。

請多多利用這樣的好點子吧。**只要是良好的創意，組合起來絕對不會變糟的**。

感到快樂時、心情大好時、內心變得溫暖時……請記住這些美好的瞬間，並將它融入自己的工作中，一定會為你帶來美好的結果。

07 從「被工作追著跑」變成「游刃有餘」

在你還年輕時，工作品質不差即可，在期限內完成更重要。上司指派的工作，要交給客戶的資料等，都要早一刻提交出來。

為何？因為對方正在等待，而且很可能急著要。

尤其一般人對二十多歲的菜鳥難免不放心，提早交出工作成果，會給予對方「辦事很牢靠」的印象。

即便完成度未能達到百分之百，只要提早交件，對方就會認為「**這個人做事很快，是個可靠的人**」。

反之，即便做得相當不錯，但是延遲兩、三天才交件，依然會予人「無法勝任」、「沒信用」的負面印象。

如期交件後，如果上司或客戶指示修正，還是得進行修改。這種狀況，等於借對方之手來完成對方滿意的成果。

換句話說，要自己獨力完成到最終滿意狀態是有困難的，不如提早交出來，然後借他人之力來確實完成才是明智之舉。不妨先完成百分之八十，**在期限的兩、三天前就交出去吧**。

理想狀況是，在期限前十天先讓上司過目一遍。如果上司有意見，指示必須大幅修正軌道的話，才有餘裕因應。而修正過後，宜在期限的兩、三天前再度請對方過目一遍，如果對方提出修改建議，就能達成更高的完成度。

這種方法能讓上司及早掌握你的工作狀況，不致衍生麻煩。

通常，大家都想追求工作成果的完美度，尤其越是年輕，越會想展現「我可以做到這種程度」。然而，那只是自命不凡，只會達到反效果而已。

若要展現「快手」般的行動力，必須在平時養成要求速度的好習慣。不論何種工作都要**訂出提交的期限**，並貫徹於期限內完成。

08 提案準備「二個選項」

原本沒打算買的，但一回神才發現已經買下來了。

相信大家都曾經有此經驗吧？

我去選購衣服時，經常陷入這種狀況。試穿一件還算喜歡的衣服，走出試衣間，店員又拿了另一件給我看。

「這是類似款式的襯衫，我覺得您很適合這種明亮的顏色，您要不要試穿看看呢？」

既然店員推薦，就試穿看看吧，結果原本不打算買的，卻變成開始思考：「要不要從這兩件中挑一件呢？」

當眼前只有一件商品時，我們猶豫著「買？不買？」，當你這麼猶豫的時候，就代表**有五成的機率不會買**。

而且，如果當下被店員強迫推銷，就會乾脆不買了。這是人性。

但若有另一件商品可選擇，眼前擺著兩個選項，情形又會如何呢？「買？不買？」這個選項，不知不覺間就變成了「該買哪一件？」也就是以購買為前提，演變成二選一的狀況。

這樣的變化只需要短短數十秒鐘。**連一分鐘都不到，人心說變就變**。

因為了解這個道理，所以聰明的人在工作上一定都會「準備兩個選項」。

舉例來說，家電量販店的超級銷售員，會對欲購買電視的顧客說：「我推薦這款和那款電視。這款有節能省電功能，而另一款的螢幕效果對眼睛比較好。」

換句話說，他當下會立即提供顧客兩個選項。

將可供比較的條件提示出來後，原本考量「買？不買？」的階段瞬間結束了。

不僅在銷售技巧上，這種訣竅也可應用於對客戶的契約內容，以及對上司的提案等。提供兩個選項，可以成為關鍵時刻的突破口。

例如，你向上司如此提案：

「這是我針對三十到四十歲男性所企劃出來的商品，請您過目。其他公司推出以三十到四十歲男性為主的同樣商品，銷路似乎不錯。我提出的這項企劃案也是以同一客群為目標，想必具有相當的接受度，我對這項企劃案深具信心。

不過，另外這一類小眾市場的商品也挺有意思的。與其針對一般消費者，這個企劃更能抓住核心客群，如果中了，一定大發利市。」

此時若提出兩個太相近的選項，反而會給主管帶來「兩個都沒什麼特別感覺」的印象。因此，不妨**準備一個比較極端的企劃**。

順帶一提，選項太多的話反而無法定奪。請將選項縮減到兩個，如果兩個都不能發揮決勝負的一擊，就納入對方的建議，提出第三、第四個選項。然後設法引導對方在最後兩個選項中擇其一。

09 報告「以結論為始，以結論為終」

對上司進行報告，無論是好消息還是壞消息，總之都要「先說結論」。

必須在一分鐘之內做完報告才行。

如果是好消息，事情就簡單多了，「拿到新訂單了」、「達到業績了」，這種好事任誰都會一開口便提出來。

反之，若是壞消息時，人們就會先說出一堆原因理由，把結論拖到最後。

「A公司和B公司的經營狀況也都不太好，再加上增稅，於是……」

慢吞吞地解釋「其他周邊因素」，占用上司的時間，最後才說「所以沒辦法達成目標」。

然而，上司從部屬的表情和散發出來的氣氛，大致能夠猜到是壞消息，只是不清楚到底狀況壞到什麼地步，也因此會急著想知道結論。這時候若再東拉西扯一些藉口，只會更惹惱上司罷了。

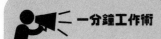

報告宜採「三階段方式」

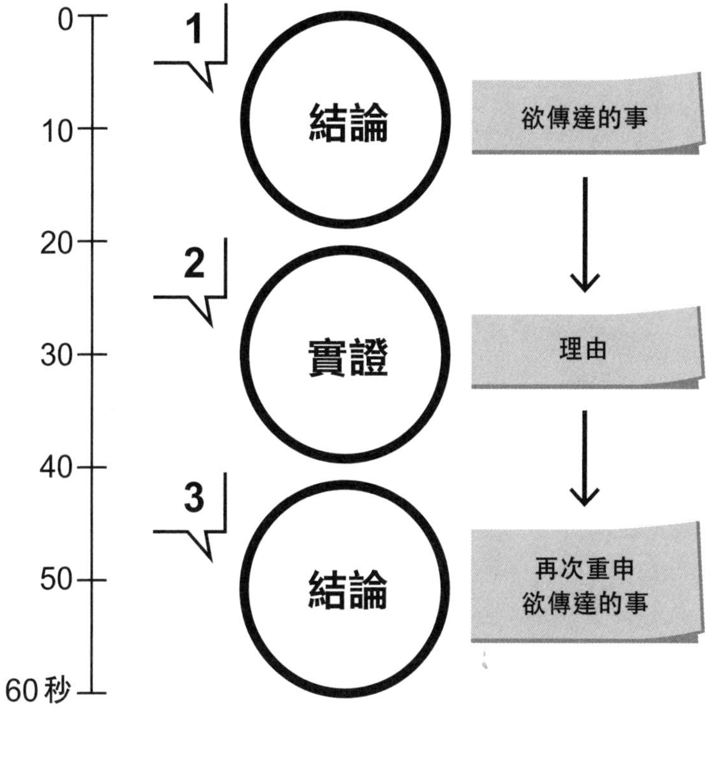

即便是壞消息，也請先將結論說出來。

「這個月未能達成預設目標，真的很抱歉，實際達成率大約是七十八%，原因出在增稅造成的影響，這是之前沒料到的，因此達成率不到八成。請放心，下個月會努力彌補，目前已經跟A公司展開交涉，而B公司那邊，我也將相關資料送過去了。」

將實際狀況具體向上司報告，並**備妥替代方案**，這點十分重要。由於是做生意，不能一句「未能達成目標」就攤手不管，必須再補充：

「為了下個月能達成目標，我已經展開相關的作為了。」

「我會確實檢討這個月的結果，改善缺失。」

①結論→②「原因」提出佐證內容→③再次重申結論→④「如果不行的話」提出替代方案。

依此流程向上司報告，不但簡明扼要，上司也能清楚掌握內容。下次進行報告時，請務必試試這個方法。

10 花一分鐘思考「上司要什麼？」

面對不買自家商品的人，要如何讓他掏錢購買呢？這是令任何人都頭大的問題。我有很多朋友在電視圈和廣告圈工作，他們總是一開口便抱怨：「收視率不好」、「大家都不看電視了」。

電視收視率下滑的最主要原因在於，電視節目是由喜歡看電視的人製作出來的，他們並不了解那些不看電視的人在想什麼，於是不看電視的人越來越疏遠電視，正是因為他們看不到想看的東西。

如果想要讓不看電視的人開始看電視，該怎麼做呢？

只有一個辦法，去研究這些不看電視的人。亦即，徹底調查他們的想法和興趣，然後反映在節目上，這樣就能提高他們打開電視的可能性。

不論哪種工作都一樣，如果商品賣不掉，不是去找人來買，而**應該去研究那些不買的人**。

為什麼不買？

有何不滿嗎？

若改善某一點後是否就會買了呢？

徹底調查這些問題，再將調查結果反映在商品上，「不買的人」就很有可能變成「會買的人」了。

如果向上司提出企劃案卻不怎麼順利的話，在思考新的企劃案之前，花個一分鐘也好，請先研究一下你的上司。

倘若內容不符上司的需求，你進行再多的提案都只是徒勞。

我有一位在出版社工作的朋友很喜歡打高爾夫球，他向上司提出職業高爾夫球手的企劃案，但失敗了，因為他的上司對高爾夫球不感興趣，不能理解這個企劃案哪裡有趣。不過，聽說這位上司最近很迷潛水。

假設如此，如果改為提案：「最近，女性之間好像很風靡潛水，所以決定提出關於潛水的企劃案。」上司就有可能積極地與你一起討論了。

此外，時下的流行話題、上司曾表露興趣的領域等，不妨從日常對話中觀察上司所好，然後再提案。

也或許可以從書籍雜誌中獲得靈感。

要是你覺得上司的事跟你無關，那就大錯特錯了。

你的工作能不能順利進行、能不能獲得更好的工作、能不能領到更高的薪水……這些全部掌握在上司的手中。

因此，就算你對上司沒興趣，研究上司仍是你必須去做的工作之一。

研究過程中，說不定還能獲取一些新的想法。

也說不定能更冷靜客觀地重新看待工作和商品。

熱衷工作固然沒錯，但若一頭熱，視野就會益顯狹隘，自然不會做出好成果。

能幹的人都懂得**適時退一步，以俯瞰之姿檢視自己與工作的關係**，正因為如此，才能企劃出大受歡迎的提案和商品。

11 花一分鐘思考「如果我是上司的話，會怎麼做？」

若遇上前所未有的麻煩，大多數人都會腦中一片空白，失去思考能力。

的確，面臨從沒碰過的問題，要自己找出因應之道是挺困難的。

這種時候，有一個方法能夠打破僵局。

從自己的框架裡「往外跨出一步」。

例如，當你腦袋一片空白時，切換成如下的思考：

「如果我是上司的話，我會怎麼處理？」

「如果是松下幸之助的話，會如何克服難關呢？」

只要能夠作為參考，即使是虛構人物也無妨。

「如果是『島耕作』的話，這種時候應該會立刻道歉吧。如果是『上班族金太郎』的話，搞不好會當場在社長面前下跪。」

意思就是向那些比自己更有才幹、想法更豐富、更會危機處理、社會地位更高的人**謀求解決之道**。

將自己當成是那些參考對象，說不定就能激發出跳脫既有框架的大膽想法。

像這樣切換想法，是否就能得出令眼睛一亮的解決對策？老實說，我不能保證。

不過，被出乎意料的事態嚇得不能思考的腦袋，確實不到一分鐘便能重新運轉。

建議平常就要養成習慣，「想像自己如果是那些優秀的人物」，在得知各種資訊時，不要作壁上觀，而是設身處地確實思考看看該怎麼對應。

養成這個好習慣後，說不定派上用場的機會馬上就來了。

12 抱持「花錢買時間」的積極想法

我是一名講師，會定期舉辦商業講座。

有學員總是從遠方搭夜間巴士前來參加講座，據說是因為想多多參加課程而把機票錢省下來。

我很感謝他，他的熱衷學習也讓我相當感動。

可是另一方面，我認為這位學員的節約方向搞錯了。因為搭夜間巴士舟車勞頓，導致身心俱疲，結果上課便不知不覺打起瞌睡。

雖然會多花一點錢，但搭飛機的話，就能保持精力、專心學習，這樣更有益不是嗎？

該把有限的時間和精力用在哪裡？

用錯地方，只會徒勞無功。

例如，你與客戶有約，手邊忙得焦頭爛額，工作行程超級緊湊，為了赴約，與其搭大眾交通工具，不如改搭計程車比較有效率。如果搭電車十五分鐘可抵達，以這樣的距離來說，計程車資也不會高到哪裡去。

如果公司不支付計程車資，就自己掏腰包吧。

搭計程車的話，不必從公司走路到車站，而且只要打一通電話，計程車隨傳隨到，準備工夫根本不用一分鐘，可以分秒必爭地工作到計程車來接你為止，完全不浪費寶貴的時間。

在計程車上還能打電話聯絡事情，或是在車上整理文件。

也就是說，**可以將這段「移動時間」變成「工作時間」**。

而且更重要的是，你可以態度從容地與客戶見面，比起滿頭大汗地匆忙趕到，絕對能予人更好的印象。

如果與客戶相談甚歡，談出不錯的成果，你在公司的評價就會提升，花費這趟計程車資更是大大回本了。

除了可以花錢買時間外，也可以「**花錢買到勞力**」。

眼見交報告的截止日期迫在眉睫，偏偏還有一堆其他案件，實在分身乏術……。

這種時候，不妨請你的後輩幫忙：

「我請你吃一個星期的午餐，你能不能幫我做這件工作？」

由於身在公司組織裡，你還是得要跟上司說：「這工作是請某某某幫忙弄的。」

任何工作都可以是一種平等交換。「有困難時彼此互相幫忙」，當同事請求協助時，就應盡可能伸出援手。

那麼當自己有難時，平時建立起來的互助關係就能及時派上用場了。

自掏腰包購買時間、提升自己的工作表現、出人頭地，然後把花出去的錢賺回來。

能夠抱持這種「積極主動想法」的人，就是能夠成功的人。

13 將鬧鐘時間「提早三十分鐘」

話雖突然，但請你從今天起，**將鬧鐘的時間設定成提早三十分鐘**。光這個簡單的動作，就能讓你工作起來感覺更游刃有餘。

我曾經從一名在便利商店上早班的店員口中聽到這樣的說法。位於商店街的某一家便利商店，早上七點起就陸續湧進上班族。有趣的是，據說一大早進店裡的客人都是衣冠整齊，他們從容地選購商品，有些老客戶還會對店員道早安。

不過，一個小時後進店裡的客人，則完全不同。匆匆忙忙衝進店裡，拿著三明治和飯糰走向收銀台，由於這樣的客人很多，收銀台前大排長龍。應該很在意時間吧，有人拿出手機不斷看了又看，有人則是咂嘴顯得不耐煩。據說這些顧客多半頭髮蓬亂，領帶也胡亂地塞在胸前口袋裡。

這就是「**從容與否的差別**」。

以上這兩種人，你想成為哪一種呢？

能夠勝任工作的人，不會讓自己匆匆忙忙地趕上班。讓自己有個從容自在的早晨，是一名成功商務人士的常識。

尤其有時候很多事未必能如預期，比方說，可能會碰上通勤電車故障之類的意外事故，因此，請以可能遲到為前提，提早行動吧。

原則上，我都是「**提前三十分鐘行動**」。

如果你認為「這三十分鐘太浪費了」而硬是拖到最後一刻才出門，希望你能想想因小失大的後果。

早上提前三十分鐘到公司上班，就算下班時間到了就走，上司也不會有所怨言。反之，早上匆忙趕到公司，差點遲到，過下班時間三十分鐘就離開，上司難免覺得「怎麼這麼早走？」

請記住，同樣都是三十分鐘，提早三十分鐘上班跟延遲三十分鐘下班，意義大不同。

chapter

2

一分鐘「分類」術

這樣分類，效率 UP ！

01 利用早晨一分鐘決定「今天不做的事」

「還有好多事情沒做，時間根本不夠用，唉，今天又要加班了……」這是上班族的經典台詞。不過，老實說，真正能幹的人並不會加班加個不停。

我身邊有許多業績超高的朋友，他們全都擅長「決定優先順序」，但並非為此特別做了什麼。

雖然看似沒有特別做什麼，但如果你覺得他們的方法受用的話，不妨積極模仿吧。

我自己是參考史蒂芬・柯維（Stephen Richards Covey）的《與成功有約：高效能人士的七個習慣》（*The 7 Habits of Highly Effective People*）。

史蒂芬・柯維將工作分為四類，然後決定優先順序。這個方法很有名，知道的人應該不少。

第一順位：「緊急且重要的事」
第二順位：「不急但重要的事」
第三順位：「緊急但不重要的事」
第四順位：「不重要也不緊急的事」

首先，最刻不容緩的是「緊急且重要的事」，例如上司和重要客戶的來電、客訴和問題的處理，以及馬上就要用到的會議資料等。這些應該優先處理，相信大家都明白。

比較容易弄錯的是第二和第三的優先順序。

第二順位的「不急但重要的事」，雖然明知重要，卻往往一拖再拖。例如製作五天後要用的比稿資料，為了建立職場以及與客戶的人際關係而約見面，以及為了前途而提升知識與技能等等。

這種「不急但重要的事」，乍看之下似乎優先順位沒那麼前面，然而一旦疏忽，第一順位的「緊急且重要的事」就會增加，便容易陷入一籌莫展、進退維谷的困境。

反之，第三順位的「緊急但不重要的事」，指的是回電或回信，以及意義不大的接洽和交際。雖然對方說「請立即回信」，或者約定「今晚六點見面」，看似很重要，但其實可能對工作成果幫助不大。

然而，你總是被這些事搞得團團轉，就自以為「我整天都在忙著工作」。不要一頭栽進「緊急但不重要的事」，而要**好好完成「不急但重要的事」，這是成功的關鍵之一**。

第四順位的「不重要也不緊急的事」，就是沒必要做的事，或許更該說是不能做的事。例如美其名為「調查資料」而流連網路、耽溺社群網站、熱衷留言等，以及美其名為「溝通與交流」而花時間喝咖啡聊是非。乍見似乎煞有其事，其實真是誤會大了。

我每天早上到辦公室後，一定會先花一分鐘決定工作順位，確定出「今天不做的事」，然後進行調整，先處理第二順位再處理第三順位的工作。

花這關鍵的一分鐘，當天的工作就能獲得更大的成果。

一分鐘工作術

決定「今天不做的事」

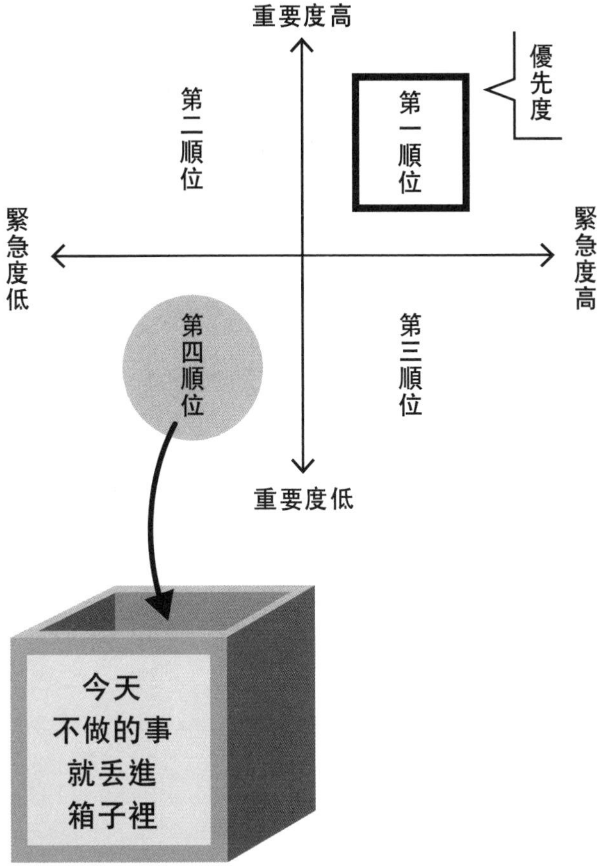

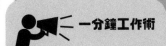

02 區分「必須親自做的事」和「可委由他人做的事」

決定工作的優先順位，能為一天的工作帶來迥然不同的成果，至關緊要，因此這裡再說明一個重點。

如前一章節所述，最應優先處理的是「緊急且重要的事」，也就是迫在眉睫的工作。例如，今天是提交報告的最後期限，自然非在今天之內完成不可。

其次，優先順位高的工作是指什麼呢？

前面已經說明是指「不急但重要的事」，其實還有一個決定性指標，就是「**能夠請別人處理的事**」。

例如身為主管，有些工作你必須交給部屬去處理，也有些工作必須外包出去，或是拜託其他部門協助等。將這些工作委由他人去做，那麼你在忙其他事情時，就有人能幫你同步完成這些工作。

只不過，交代別人去做，未必能保證如期完成，因此，請預留充裕的時間，例如必須在五天內完成的話，就跟對方表示：「請在三天內完成。」

如果對方認為「三天之內不可能」，或是三天後說：「還沒好，還需要一點時間。」豈不麻煩大了。

但如果預留幾天的緩衝時間，就不會慌張了。

「沒辦法，只好再延一天，請絕對要在四天內完成。」

那麼這項工作就會被排在第一優先順位。

斟酌對方狀況，確保工作如期完成，請你將工作委由他人處理時，最好提早交辦，並且預留充裕的時間以防萬一。

決定工作的優先順序，確實能進行得更為順利，但也無須全部嚴密地確立順位，只要排到第三順位就夠了。

決定優先順序這件事本身並非工作的實際內容，但只要抽出一分鐘做好這件事，目前的工作就能逐一向前推進。

03「扣掉睡眠時間後」再開始安排工作

「工作太忙，我這陣子都沒什麼睡！」

很多人拿睡眠不足來彰顯自己能力很強，但，就我來說，**連睡眠時間都管理不好的人，是無法勝任工作的。**

睡眠不足的話，頭腦就不靈活。頭腦不靈活，工作就無法順利進展。工作無法順利進展，加班時間就長，自然睡眠時間又不夠了。

根本是惡性循環。

我們每個人都被公平地賜予一天二十四小時，大部分人是將工作之餘，扣掉入浴、用餐等日常生活後，剩餘的時間作為「睡眠時間」。

然而，工作勝任愉快的人，想法剛好相反，**他們是以確保睡眠時間為前提，利用睡覺以外的時間來安排一天的工作行程。**

工作時必須要靠著沉穩冷靜的思考來決勝負，因此必須確保每天能夠睡足七小時。已經知道隔天早晨非幾點起床不可，就要逆推七小時回去，時間到了絕對要上床就寢。

「忙到不能睡」的人，大半只是沒有勇氣放下工作去睡罷了。想要有好的工作表現，就必須有充沛的精神和體力，這點請謹記在心。

身體不適時，宜睡足八到九個小時。另外，只要睡眠充足，即便身體略有不適，頭腦依然能夠思考，也就能克服難關。

身體不適時，預計做完的工作請做到六、七成就暫停，然後去睡覺休養身體。如果這時候硬撐，之後再連續睡上幾天，根本是本末倒置。

「今天就做到這裡，要去睡了，要養足明天的體力。」

能夠立即做此了斷的人，就是能夠勝任工作的人。

工作的成果，並非取決於所花費的時間長短，而是以品質決勝負。睡眠充足與睡眠不足的人，勝負關鍵就在作出決定的這一分鐘，而且結果往往天差地別。

04 花一分鐘列出待辦清單，確保「該做的事必定完成」

確實做完該做的事，就這層意義來看，「待辦清單」非常有用。

我的辦公桌上總會有一本打開的行事曆，也就是我的「待辦清單」。

我的做法是，每天會寫下明天的待辦事項，在下班前，將**當天沒做完的事，以及隔天應該要做的事**，寫在隔天的頁面上。

一早上班的第一件事就是瀏覽這個「待辦清單」，如果有新想到的事情便再添加上去。

不需要寫得鉅細靡遺，例如不必寫成「回信山田先生」、「回信田中小姐」，而是簡略為「回信」即可。此外，還有像是「寫臉書」、「提供二十則資料給某某公司」、「討論講座主題」等。

無論如何，列出待辦項目只要花一分鐘就夠了。

完成一個項目，就在上面畫一條紅色的刪除線。
我的待辦清單最多一天十個，反正只有自己看，所以寫得極潦草。
重點在於，**這些待辦事項在完成之前會一直留在清單上，不斷提醒自己**。
例如有一件工作最遲得在週五完成，當然會寫在週五的頁面上。但由於想盡早完成，也會同樣寫在週三的頁面上。
「待辦清單」的目的在於避免「不小心忘記」，所以若只寫在期限當天並無意義，因為等到當天才注意到，可能就為時已晚。
另一方面，如果有「絕對不能忘記」的重要工作，有時會緊緊糾纏於記憶中，一旦變成這種狀況，便可能導致新的工作無法進入大腦。
這種時候，請將工作細分成幾個階段，例如哪一天是「最佳開始著手日」、「中途確認日」、「希望完成日」、「實際期限日」，並記錄於這些日子的行事曆上，同時也會因為認為「有寫有保佑」而得以放心，腦袋也能清空了。
反之，每天的例行性工作、突然被指派的工作、能立即完成的工作等，沒必要一一記錄下來。

此外，也有忙得焦頭爛額，根本無暇去寫「待辦清單」的時候。例如：

一大早就得到客戶那裡去處理問題。

為了準備活動事宜，一整天都在外面東奔西跑。

這種時候，沒必要特別撥出時間寫「待辦清單」。

我的「待辦清單」中有些部分是「一整個星期全部空白」，而我一看就知道：

「啊，那一週有夠忙」。

完全空白也是明確的訊息。

製作清單並非目的，而是一種不讓工作停滯的手段。

易懂、效率、簡單——具備這些條件，就是一份良好的「待辦清單」。

一分鐘工作術

將「該做的事情」分門別類

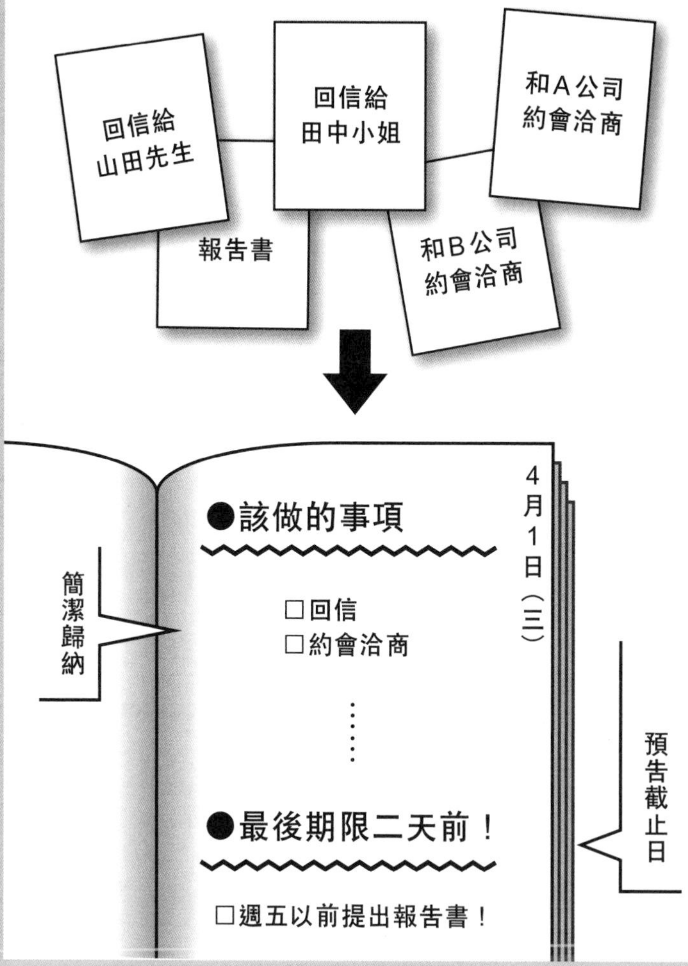

05 一週只用一天專門處理雜事

工作可以分為兩大類，一為與人見面、開會等「面談類」，二為製作資料、整理文件等「文書類」。

大部分人都是利用面談類工作的空檔來處理文書工作吧。然而，事實上這種「空檔」並不多，於是不知不覺間文書工作便越來越多。為了打破這種現狀，提高文書工作的效率並不算是真正的好方法，必須採用更具體且具實效性的手段。

我的建議是，**一週訂出一天「專門處理文書工作」**。

假日前後的週五和週一，通常會有既定工作，因此最好是設定在週三或週四。利用下午一點到六點這五個小時專心處理文書工作，就能有相當成效了。

這樣做還有另一個好處，就是能利用這個機會重新檢視與客戶約時間的方法。如果時間都由對方決定，那麼很可能連週三下午的空檔都挪不出來。

工作能力好的人，會主動向客戶提議幾個時間選項。

「不好意思，有些時段我已經有約了，目前週一、二、五的下午有空檔，是否方便約在這些時段呢？」

這樣就能**控制好自己的時間**。

最糟糕的情況是跟對方說：「我都可以，就配合您的時間。」而當對方說出具體的時間後，才又婉拒：「抱歉，這個時間我已經有約了。」

「那你早說嘛！」客戶會很不耐煩。

做了不必要的客套舉動，結果反而留給對方負面印象，這種事千萬要避免，你應該適度掌握主導權。

06 清楚了解「目的」再行動

「這個文件印十份。」

若上司下此指示，你會怎麼做呢？

立刻拿著文件跑到影印機前面？

其實，這樣是不夠的。對上司而言，你是他的「眾多部屬之一」，而一位予人好評的部屬應該這麼反問：

「請問這份文件的用途是什麼呢？」

這麼一問，能夠加深上司的印象。

「是部門開會要用的資料。」

如果上司這樣回答，你可以再問：

「那麼，我將資料印為雙面好嗎？這樣可以減少文件的分量。」

如果上司回答：「是要提供給客戶的。」你則可以主動提議：「要不要加上封面裝訂起來呢？」

這麼一來，有些上司會認為你很「聰明伶俐」，有些上司則不然，說不定還會說出一些不客氣的話：

「是下午開會要用的，你難道連這都不知道嗎？」

「當然是要拿去客戶那裡的，你要加裝個封面。」

即使如此也無妨。和那些言聽計從、拿著資料就印的同事相比，你的勇於表達以及思考後再行動的表現會令上司印象深刻，**久而久之就會對你另眼相看**。

被指派任何事情時，你要能洞悉下一步。

「這份報告何時交出來最理想？」

「是特別的客戶嗎？那我來準備咖啡吧。」

這種細心的詢問不必花到一分鐘，但日積月累就能加深上司對你的信賴。

07 「不做無謂的競爭」就能輕鬆致勝

我們往往認為「越熱門的地方，就越有機會」，其實不然。

例如，有人自認「在電腦資訊工程領域很強」，便認為到雅虎或谷歌等企業上班是通往成功的捷徑。

然而，待在那裡的人全是高手。人外有人，天外有天。**刻意選擇與高手做生存競爭，實非明智之舉。**

與其這樣，不如到一間地點不在大都市、以股票上市為目標、並非電腦資訊產業公司的IT部門上班，比較能夠成為同事眼中的「非常優秀且可靠的員工」。在這種企業工作，會有相對較多的自行裁量權，能被委以重任而更有幹勁，當然，也更容易出人頭地。

如果你自認為「寫得一手好文案」，理所當然會以行銷部為目標。其實，你還有其他選擇。

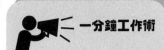

哪裡的競爭比較少？

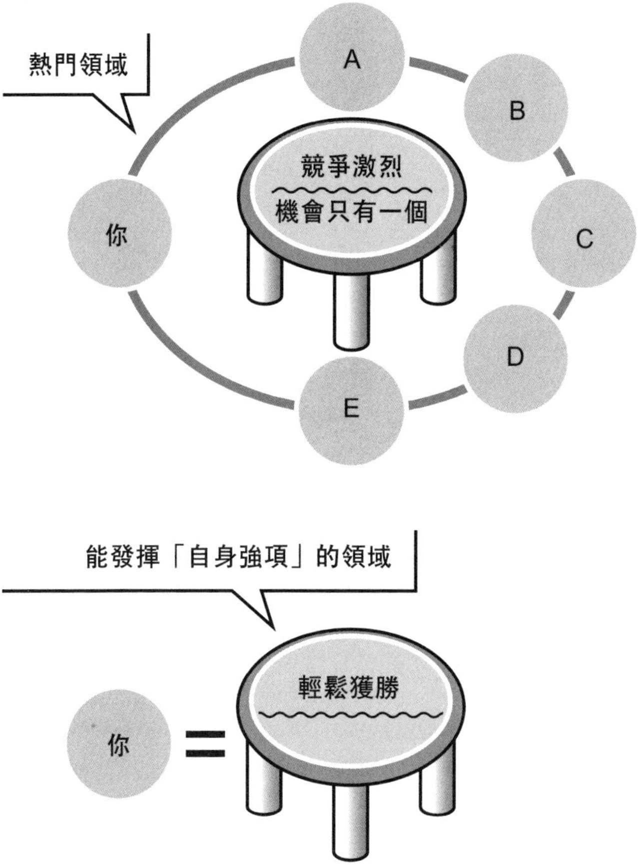

與其待在行銷部顯得「平凡無奇」，不如在總務部撰寫公司內部刊物的標題，更能引起上司和高層注意。

只要在公司的年資夠久，就算沒實力也能往上爬的時代已經過去了。現在這個時代，即便謀得一職，也未必能在同一家公司工作到退休。

你必須常保領先。因此，**將自己的實力放在可以致勝的環境中發揮，才是更重要的**。

儘管公司規模小、就算所待的部門並非你的專業領域，但能夠依自己的方式做事，又能獲得好評的話，便能提高幹勁而在同事中出類拔萃。

沒有競爭對手的未開拓市場被稱為「藍海」，藍海策略不單是企業的經營戰略，也適用於個人。何不投身於無強勁對手的藍海一展身手呢？

08 寫記事本的訣竅是「更簡單、更單純」

記事本寫得簡單易懂，是非常重要的。

為了簡單易懂，我會**使用縮寫和記號**。

例如，我將開會（Meeting）寫成「MTG」，洽商寫成「洽」，預定外出就在日期下面畫一條紅線。這樣既能用很短的時間表示出來，也不占空間。

不過，如果太過拘泥於自我風格，寫記事本反而成為一樁麻煩事，那就本末倒置了。

只有經常發生的事和頻繁使用的用語，才使用縮寫或記號，其他事務則按一般方式記下即可，而且「記錄時間以一分鐘內為準」。

另一個重點是盡可能條理分明地書寫。這時候便條紙就派上用場了。

我的工作必須經常與人見面，但未必都能立即決定見面日期。如果對方說：「下週一或週二可以嗎？」我就得預先空出兩天來。為此，從前我都用鉛筆寫，那麼決定日期後，就可以將不見面的那天擦掉，但是，也曾經錯把重要的事情擦掉了。

記取教訓後，我改用原子筆寫，如果想要更改，就以畫上二條線表示，如果不小心畫錯了，也只是比較難閱讀而已，並不會消掉。

後來，我又改用便條紙。還沒跟對方敲定時間時，我就寫在便條紙上，再貼於那一天的行事曆上，等到日期確定了，就**用原子筆直接寫上去，拿掉便條紙**。

採用這個方法後，我的記事本非常乾淨俐落，從前總是羞於見人，而今完全可以大方秀給別人看了。

記事本要寫得「**簡單、整齊、單純**」。

請謹記這三大原則，讓記事本保持在容易閱讀、容易使用的狀態。

更簡單、更單純！

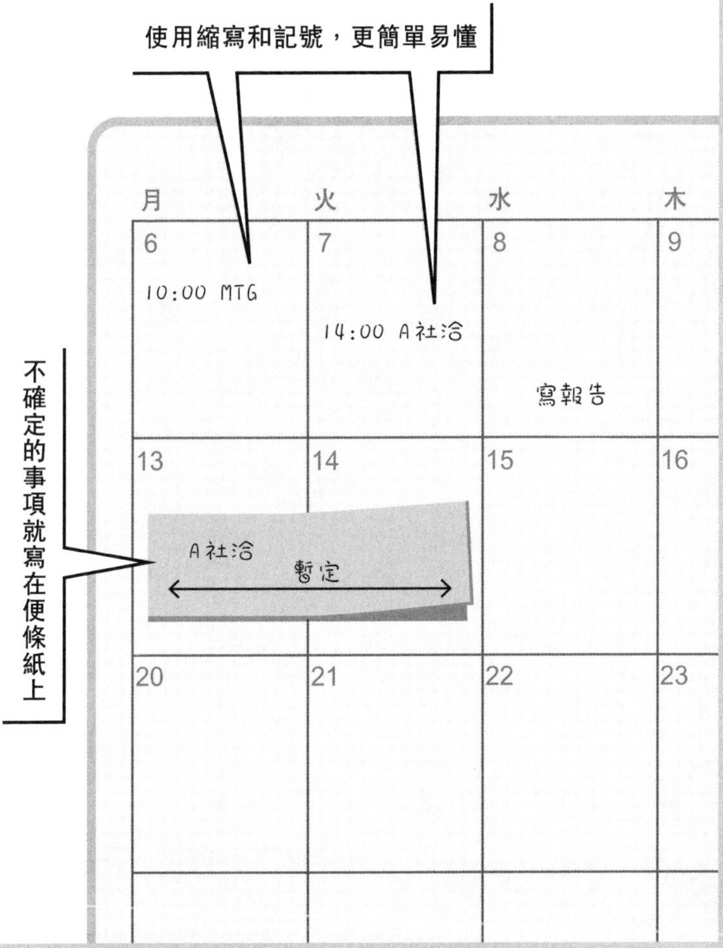

使用縮寫和記號，更簡單易懂
月
火
水
木
6
7
8
9
10:00 MTG
14:00 A社洽
寫報告
13
14
15
16
A社洽
暫定
20
21
22
23
不確定的事項就寫在便條紙上

09 「工作不失誤」的一分鐘記事術

記事本不僅用來「寫」，也用來「**看**」。

將預定工作寫下來，是為了方便之後確認，因此不是寫好就沒事，**務必要「再看一次」**，看的次數越多，越能減少「失誤」。

閒暇之餘，花一分鐘也好，請打開記事本看一看。

這一分鐘，將成為你工作上強而有力的助力。

提早赴約，等待客戶到達的空檔；過馬路等紅燈的空檔；在月台等車的空檔……。

這些空下來的時間都可以拿出記事本翻閱。

「下週一開會之前，還要做這些事。」

「必須在週五之前交出那份報告。」

「今天下午有多少人會來公司拜訪？」

就像這樣，不僅能確認今天的預定事項，記住何時必須完成哪些事情，**大致掌握**

未來的工作規劃，避免臨時抱佛腳而慌張失措。

此外，將自己有興趣的文章或重要資料夾在記事本裡，空閒時便能閱讀了。

只不過，如果已經不需要的資料就該立即丟棄。記事本裡老是夾一大堆東西，反而容易淹沒重要事項而「失誤」。請為肥胖的記事本瘦身吧！

為了方便得空就翻閱，記事本宜放在容易拿取的地方，最好放在公事包的特別夾層裡。

此外，選一本中意的記事本，讓你隨時都想翻開它。

記事本將陪你一整年，成為你工作上的好幫手，如果只是隨便拿哪家公司送的免費贈品，應該無法發揮最佳功能。

請不要吝於買一本好的記事本。

10 一分鐘「拉攏他人」的技術

憑一人之力，難以完成大業。

不論你從事何種工作，最終而言，都需要他人的協助才能順利進行。

因此，**「拉攏他人」的能力非常重要**。

我看到身邊很多朋友都是在各方協助下才能獲致成功，而這些成功之士有幾個共通點。

◆大聲向眾人宣告宏大的目標。

◆言行一致、表裡如一。

◆願意暴露自己的弱點。

◆真心對待他人。

◆個性開朗、幽默。

同時擁有這些要素，將左右你的成功之路。

過去，我有一位同事在這些方面都很出類拔萃。

他隸屬業務部，業績並不是很理想。但是有一天他突然向大家宣布：「我在年底之前要再簽到十份合約。」大家都認為那是不可能的任務。

跑了一天業務回來，他失落地說：「今天還是不行。」但並未因此自卑，而是繼續帶著一股傻勁地衝衝衝。

看著他不屈不撓的身影，原本辦公室冷淡的氣氛起了變化，漸漸有人開始說：「要不要介紹個客戶給他？」

之後，「拿十份合約」不只是他的目標而已，不知不覺間已成為「眾人的目標」。

到了年底，他果然拿到超過十份的合約。

一分鐘的宣言，加上他的人格特質，而把不可能的任務化為可能。

11 「洞悉上司的心意」就不會徒勞無功

對一位商務人士而言，與上司的關係是永遠的課題。能遇上合得來又值得尊敬的上司，誠屬萬幸，只是未必人人都能如此好運。

有些上司做事一把罩，卻不會培育人才；有些上司沒有豐功偉業，只是擔任你的後盾，卻能事前防止你發生致命性的錯誤。無論如何，我們並無法選擇上司會是什麼樣的人。

不過，不論哪種上司，**你在公司的評價都是由他決定，命運就掌握在直屬上司手上**，這麼說應該也不為過。

因此，如果不幸被上司討厭，真可說是百害而無一利。在這方面，你必須懂得遵循直屬上司的意向才行。

具體而言，勤於向上司報告、聯絡、商討，這三件事必須認真進行。不過，「認真」不代表「頻繁」，太過頻繁且鉅細靡遺的報告，反而會成為工作的阻礙。

在必要時，能夠以恰當的方式，**花一分鐘向上司報告、聯絡、商討，這樣的部屬最為理想**。

至於次數與時機，則要依上司希望掌握到何種程度而定，這點唯有透過平時多多觀察確認。

但有一件事是任何上司都討厭的，「呃，我記得合約有五件，不，好像是六件吧。」絕對要避免這種含糊其詞的狀況。

向上司報告時要特別注重簡潔且正確。為了不浪費上司的時間並避免意外出錯，**事前列點條列寫在紙上，再進行報告**。

只要上司一個表情不對，我們的大腦很容易就一片空白，因此請勿過度自信，還是老老實實的寫下來吧。

12 讓會議不再只是浪費時間與心力

你的提案能不能在會議上通過，其實早在會議前半場就已經決定了。

關鍵不在於會議上做出多了不起的發言，而在於**事前的溝通工作夠不夠周到**。

事前溝通無須逐一跟每個人進行，只要針對擁有決定權的關鍵人物即可。

雖說我們是一個民主國家，但民間企業的決策並非採多數決，通常會由某人擁有「如果那個人同意就好」的決定權。

你應該鎖定這個關鍵人物，將企劃書呈給他看，找他商量。

「我希望能在這次的會議中提出這樣的企劃案，我對於這份企劃案抱持著竭盡全力的心理準備。不知是否能請您百忙中撥冗過目一下。」

如果對方看過後「全面否定」也無妨，請轉念想一想，「沒在會議上丟臉算是幸運了。」

當然，不能就此打退堂鼓。

「請問是哪個部分做得不夠好？能否請您指導一下？」

設法讓這位關鍵人物提出建議，然後根據他的指示進行修改，再次呈給他看。

如此一來一往的過程中，這位關鍵人物就會跟你站在同一邊了，因為你的企劃案已經**加入了這位關鍵人物的想法與意見**，而且與其他提案者比起來，他對你的企劃案肯定特別中意。

到此階段，等同你的企劃案已經過關了。會議的結果其實在第一分鐘就揭曉了。

如果你認為「會議才是主戰場」，絕對不會有好結果。主戰場是在會議開始之前，就應該投注百分之百的心力。

13 將「一分鐘的價值」發揮到極限

專門代辦稅務的稅理士（相當於台灣的「會計師」）、代辦司法業務的司法書士（相當於台灣的「代書」），都是非常難取得的專業證照。人們似乎認為「一旦取得這類證照資格，一生便富貴無虞了」。

然而很遺憾，世上沒有如此天真的神話。

律師堪稱菁英中的菁英，但律師界如今一片慘淡。

隸屬律師事務所的受雇律師，算是還在「學習中」，所得與一般上班族無異，不，有些甚至拿更低的薪資。但，能夠這樣還算是好的，在日本有一大堆幾乎拿不到案件、年收入不到三百萬日圓的獨立律師。

他們都是抱持「只要考上司法特考便前途光明」而一路攻讀上來的，然而重要的是，「拿到證照後如何賺錢？」這個問題不能不事先思考清楚。

我們身處在變動不安的世界，「考取證照讓自己更有優勢」這種想法本身並沒錯，只不過，如果這個證照**不能為你帶來利益便毫無意義**。不，豈止無意義，更是明顯有害，因為你耗費掉龐大的金錢和時間。

如果你想考取任何專業資格，必須徹底檢討真有必要拿到這項資格嗎？拿到的話有多少好處？獨立開業的話能賺多少錢？還有，必須研究考取率有多少，計算須花費的攻讀時間和勞力。徹底做完這些調查後，若你能接受，再開始攻讀。

我因之前工作的關係，而考取了房地產經紀人證照，但從未考慮取得其他資格。當然，有些資格是「取得的話會更有利」，可是考量到所花費的時間與精力，便覺得無挑戰必要了。

有一位知名的女性經營者負責相當多的國際性業務，她公開說：「我的英語並不好。」但她仍然如魚得水，這是因為她聘請了一位超優秀的口譯員。

「與其現在努力學英語，不如把時間用來賺一百億日圓。」

我完全認同她的想法。生意人的目的是「賺錢」，不是取得證照；如果為了賺錢必須具有相關資格，而**自己又拿不到那項資格的話，只要雇用能拿到或已有這項資格的人即可**。

要事業成功，得要有高人一等的技能，然而並不需要同時具有多項技能。

因為我們的時間很有限。

為了將一分鐘的價值發揮到最極限，必須適度割捨。

想要提升業務能力，就該在這項能力上徹底磨練、精益求精，倘若「這也想拿，那也想要」，很可能只是浪費時間。

不論運動選手、演藝人員、商務人士，那些因一技之長而獲得好評的人都適用這個道理。

重要的並不是拿到那些證照資格，而是培養出別人難以取代的能力。

chapter

3

一分鐘「傳達」術

成功打動人心

01 「以圖解表示」想傳達的內容

向上司報告、向客戶提案……在工作上，常遇到有許多事情都必須取得對方的同意。「想傳達的事情要確實讓對方明白」——這是第一要務。

在此要介紹一個花不到一分鐘工夫且效果奇佳的「圖解」技巧。

不論是向上司報告或向客戶提案，大半的情況都是互相面對面。我們面對對方，對方也面對我們，換句話說，雙方是看著完全相反的方向，**這在心理學上稱為「對立」關係**。

一旦形成「對立」關係，彼此的緊張感升高，自然容易意見衝突。

此時，圖解就該上場了。請拿出紙筆，「比方說這個樣子……」將欲向對方傳達的重點以圖解表現出來，此時對方和你的視線都會落在同一張紙上面。

這麼一來，**不到一分鐘時間，「對立」關係就巧妙地轉成「夥伴」的形勢了**。

一旦如此，雙方的心態便會趨向協力合作。那麼，即便不拼命說服對方，你的報告和提案等等「你想傳達的內容」，就更容易令對方明白。

此外，別把圖解的內容想得太複雜。

向上司說明業績數字時，可以說：「目前的合約數是二十六件，大約完成了七成左右。」

「本公司的商品有四大優點。」然後以桌子的四支腳為比喻，向顧客推銷。

諸如此類的形容方式都不是什麼難事。

而且，你要傳達的事情不只讓對方「聽到」而已，同時利用圖解讓對方「看到」，等於「聽覺」加上「視覺」效果，更能加深印象。

沒必要用平板電腦或筆記型電腦秀出圖表，只要用書面資料的紙張背面手寫就行了。

當然，字寫得醜、圖畫得不好都沒關係。

重要的是，**你要展現出「很想讓對方知道！」的態勢，然後，將想傳達的內容確實讓對方明白**。

此外，在自家公司印製的資料上，自己手寫補充上去也是個好方法。

單純只是一張列印輸出的紙張，很可能事後被丟棄。這種事我們不都常做嗎？
可是，如果上面有一些手寫的東西，就會心血來潮想再看一下，這是人性心理。
光是花這麼一點工夫，你所準備的資料被對方留存下來的機率便大幅提高了。
因此，請不要吝惜這「一分鐘的工夫」，多加有效利用吧。

一分鐘工作術

成功傳達「重點」的要訣

更容易傳達出「重點」！

02 將重點「彙整成三項」

與對方溝通時，在最剛開始的一分鐘內「該說什麼？如何說？」這將決定你給對方的感覺是「想繼續聽下去」，或是厭煩地在內心嘀咕「聽不懂在說什麼」。

說話技巧之一，就是開門見山提示「數字」。只要稍微研究過話術的人都一定知道這項基本技巧，非常有效。

而我會**使用「三」這個數字**來提高效果。

「接下來，我要說的內容有三項重點。」

以這句話為開場白。

在對客戶提案或公司內部的會議上，有些人會說：「這個企劃案只有一個重點！」或許是想表現出簡潔且強而有力，不過，這等於是告訴大家說賣點只有一個而已。

聽的人難免懷疑：「沒有其他特色嗎？這是臨時湊合出來的吧？」

雖然如此，如果說「這個企劃案的重點有十個」，同樣會令人不耐煩。

太少又覺得內容貧乏，而太多又覺得不想聽，「三個」是人們可以專心聆聽的極限。

因此，請將重點彙整成「三個」，在最初的一分鐘內簡明扼要地告知對方。對方除了在這一分鐘內能大致知道你要表達的內容之外，也會心想「只要聽完三個就結束」，如此一來就會願意聽你說話了。

將幾個小重點彙整歸納成三大重點，各自加上一個適切的標題，不僅能維持內容的充實性，對方也更容易理解。

舉例來說，你想銷售的商品是以大人為對象的點心，而且你想強調的優點非常多，那麼，可以歸納成三大重點如下：

①「味道佳」②「外觀成熟典雅」③「容易攜帶」

或是

①「適口大小」②「吃的時候不會散發特殊味道，也不會發出聲響」③「價格便宜，可以每天購買」

然後，再各下一個廣告標語，就能帶給人特殊印象。

提案也好，推銷也好，第一要務是讓對方願意聆聽你說話。

因此，請一開始就提示「數字」來吸引對方的注意。

「接下來，我要說的內容有三項重點。」

請將這句話當成經典開場白。

一分鐘工作術

將重點「彙整成三個」

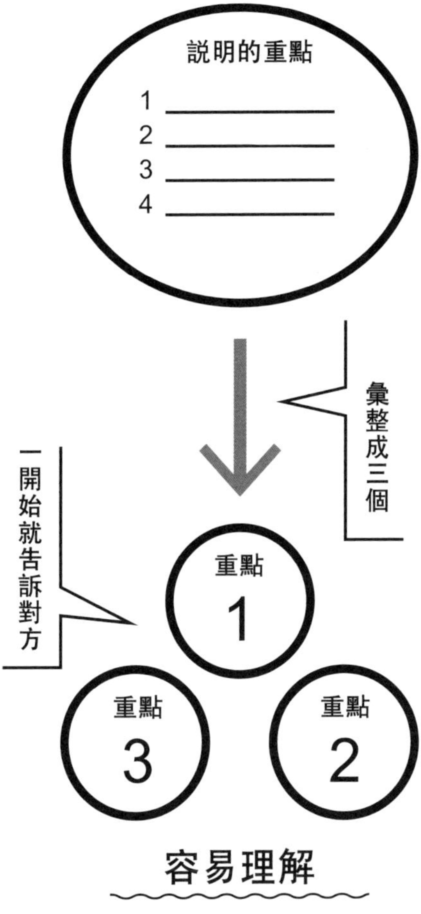

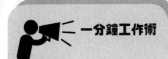

03「請給我一分鐘時間」的前置效果

不論對方是客戶、上司或部屬，溝通的基本要件就是「傳達」。那麼，要將你想說的話確實傳達給對方，需要怎樣的技巧呢？尤其上司如果正在忙，你可不能妨礙到他的工作。

◆先告知「請給我一分鐘時間」

對忙碌的上司而言，部屬報告的時間長度是很重要的問題。如果讓上司覺得你會囉嗦個沒停，他就會把你的問題延後處理。

因此，一開始就說明「一分鐘」，讓上司能夠放心地聽你說話。當然，既然這麼說了，就必須真的在一分鐘之內把話說完。這就是**用一分鐘傳達的工夫**。

◆用一句話說明「想說什麼」

「今天，蘋果發明新手機了。」

這是已故的賈伯斯在iPhone發表會上所說的第一句話，開宗明義破題，讓人一聽即知他接下來要說什麼。

雖然對上司沒必要這麼直接了當地說話，但必須第一句話就傳達出重點，例如：「我想向您報告一下A公司的要求」、「我想提出提高作業效率的改善方案」等等。

◆不使用專業術語

真正有才幹的人，並**不會特意使用晦澀難解的專業術語**。例如，不使用「紅海策略」（Red Ocean Strategy）、「藍海策略」（Blue Ocean Strategy）這類經營戰略的專業術語，而直接說：「商業市場有兩種，一種是競爭激烈的市場，一種是競爭對手少、容易取勝的市場。」

不要自以為是地滿口都是專業術語，這樣只會惹上司不耐煩。

04 在眾人前說話，眼神要對到每一個人

每個人都懷抱著「想被他人了解、想獲得認可」這種認同需求。

不論是積極發言的人，或是含蓄老實的人，都是「傾訴」的欲求高於「傾聽」。

因此，**聽人說話總是伴隨痛苦**，差別只在程度高低而已。

在很多人參加的會議上，你最好當成大部分人「都沒在聽」，即便是看起來似乎專心聽講的人，說不定腦中根本在想其他事情。

認真聽講的人，可能與你的意見一致，也可能恰好與你意見相反，或許他正在找機會反駁你。

和你意見一致當然是好事，你要做的，是將那些沒在聽你說話以及持相反意見的人**拉攏成為你的認同者**。

因此，這裡要介紹一個只花一分鐘就能將對方變成自己人的訣竅。

「只要花一分鐘，一一面對每個人說明。」就這麼簡單。

「若以這個模式，預計業績會比去年提升百分之五，這點相信您也明白。」
「目前市場正需要這樣的商品，我想您看了這份資料後，就能一目瞭然了吧？」

像這樣，一邊詢問對方：「您說是吧？」**同時與對方四目相對**。在問這句話時，視線只對準一個人，宛如特別詢問他一樣。

一般而言，當有人視線對著我們說：「您說是吧？」此時我們不太會直接回答：「不，我不這麼認為。」換句話說，一個眼神交會加上一句詢問，就能讓對方產生「贊同」心理。

然後，只要對方點頭表示贊同，就算與他原本的想法背道而馳，但**心情上就比較難全面反對**。

這種手法，我經常應用在我的講座上。

說話同時我會逐一與每位學員四目交會，讓他們感覺到「老師直接對著我說」的正面印象，這點在問卷調查上頗獲好評。

這只是一點小事，但有沒有做到，給予對方的印象是天差地別。

在會議或提案場合，當你面對眾人說話時，必須特別留意視線的方向。

如果眼神只是從最旁邊依序看過去，視線只會朝同一方向前進，那麼對於坐在反方向的人來說，等於完全沒在看他，自然就不會聽你講話。

要避免這點，**訣竅就是將視線呈「之」字形、環視全體般地移動。**

對著「每一個人」說話

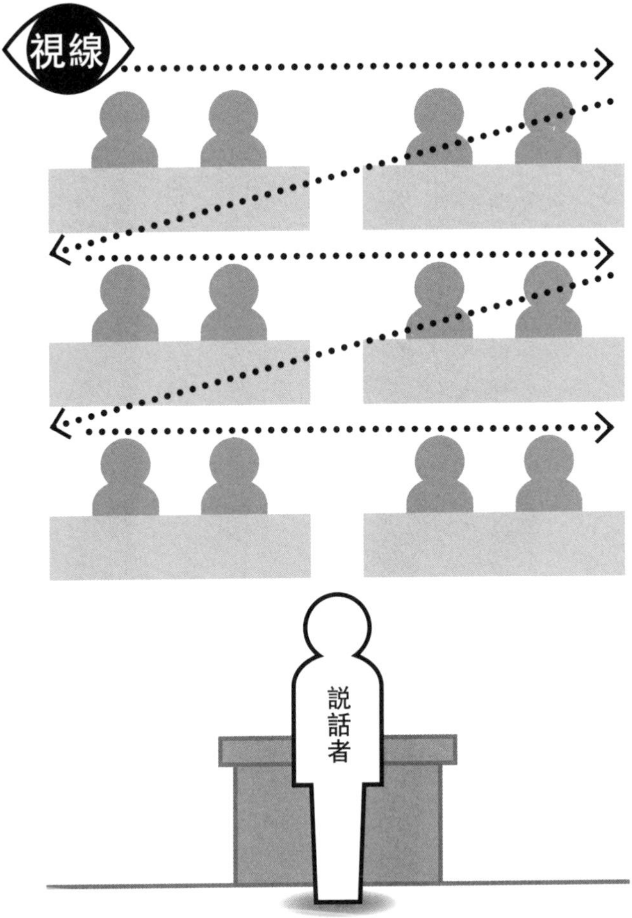

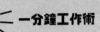

05 「一張資料」只傳達「一個訊息」

不管是開會、向客戶簡報或向上司提案，工作上不少場合都是必須爭取對方的認同。但對方並不會如我們所願地仔細聆聽，也不會認真閱讀資料。若要對方聆聽和閱讀，你必須自己多下一點工夫。

那麼，進行提案時，可以下怎樣的工夫呢？

提案時，一般都是用PowerPoint製作簡報資料。此時，如果你看了自己製作的資料，自信十足地認為：「我想表達的內容全都寫在這裡了！」那麼這份資料是失敗的。

為什麼呢？因為發言的人**把內容寫得越詳盡，對方就越不想聽、不想看**。他們會認為：

「現在不聽也沒關係，之後再看資料就行了。」

資料準備得越周到詳盡，反而越會削減對方想聽的欲望。

而且，如果資料上都寫得清清楚楚了，實際的提案會變成什麼狀況？請試想一下。

把資料內容全都讀過一遍就完了。不僅對發言的人，對聽眾也一樣，「與其聽，不如讀資料」，那場提案就變得窮極無聊。

那麼，你製作資料所花費的時間可說是完全浪費掉了。

不然，該怎麼做呢？資料上只寫出能引起對方興趣的內容即可。使用PowerPoint製作簡報時，基本上**一張簡報只放一個訊息**。

一張簡報所給予的思考時間，以一分鐘為鐵則。

內容最好是能讓人產生意外的連想，也不妨放進可以佐證說法的圖表。當然，重要的關鍵字一定要寫上去，可能的話，能寫出令人印象深刻的標語則效果更佳。

與其用「以目標客群女高中生為主的意向分析」這個標題，然後羅列分析結果於後，不如直接給一個簡明的訊息，例如：

「女高中生竟然邁向歐吉桑化！」

這樣更能引人注目吧。

換句話說，**提案的要訣是先用資料引發興趣，再以口頭說明詳細內容**。

這樣一來，就必須分開準備說明的資料以及給對方閱讀的資料。或許多費了一番工夫，但所花的時間不會浪費，絕對值回票價。

順帶一提，我在講座上並不會積極準備資料，真的很重要的關鍵字才會寫在白板上。在講解時不太使用白板的人，一旦開始寫白板，聽者就會認為「這肯定是非常重要的訊息」。

提案資料也一樣。如果寫得鉅細靡遺，重點反而容易模糊。為避免無法聚焦，應該只將真正重要的關鍵點彙整出來，給對方一份簡潔又容易理解的資料。

一分鐘工作術

一張簡報放一個重要訊息

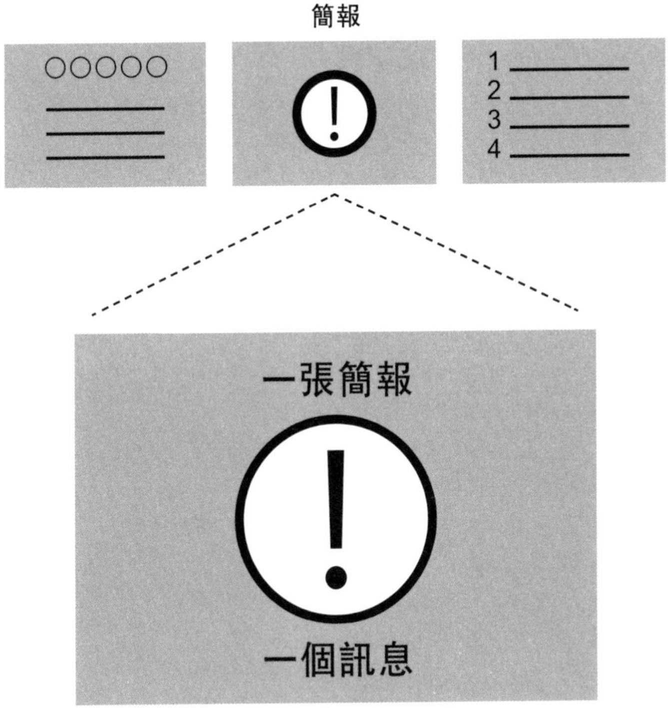

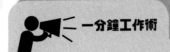

06 說些「真實的故事」

「**故事**」最能打動人心。

請比較下面A和B的說話方式；兩人都持同樣主張，但表達方式完成不同。

A這樣說：

「請看資料中的表一。這是國民收看電視時間的變動表。五十歲以上的人大致持平，十歲到四十歲的收視時間減少了，尤其十幾歲、二十幾歲年輕人的收視時間減少了三成以上。另一方面，請看表二。從這個表即可得知，上網的人和上網時間都呈增加趨勢，尤其年輕人用手機上網的比率更是大幅提升。因此，今後若要以年輕人為訴求對象，就要在網路上打廣告才行。」

另一位B則是說：

「我家那個念高中的兒子，最近一有空就在滑手機，要不是掛在Twitter上，要不就是在傳Line，都不看電視了，只看YouTube這個動畫網站。音樂也是上網買的，根本沒在買CD。反正就是整天上網。我聽他說，現在學校同學之間不會問『你昨天有看某某節目嗎？』，因為大家都沒看啊。今後如果要以年輕人為訴求，我想就要在網路上打廣告才行吧？」

同樣花一分鐘的時間，你覺得哪一位的說法比較打動人心呢？

當然是B。與其羅列數字、陳述事實，不如帶入生活中的實例，更能夠引起共鳴。

不過，有一點須特別留意。

B的主張是用「兒子的狀況」來佐證，因此我們很難確知這到底是全國的普遍現象，或是B的兒子學校才有的個案。

此時，為證明自己的主張是正確的，就要善用A所提供的數字資料。**「真實的故事」，再加上「資料呈現的客觀性」**，就是最具說服力的主張。

07 重要場面要特別「大聲說」

想獲得好評、想搏得認同……這是眾人所願。

因為是工作，拿出好成績當然非常重要，但是，光這樣還不夠，因為人類是情感的動物，實績是一回事，日常接觸中予人好印象也是不可輕忽的。

如果想要讓公司的其他人對你抱持著「好印象」，你可以怎麼做呢？

最簡單的一招就是**清楚有力的說話**。很簡單，卻效果絕佳。我們的說話聲音總是比自己認為的還要小，即便刻意清楚地表達出來，很多時候對方只是聽到含在嘴裡咕嚕嚕的聲音而已。

既然聽到的是咕咕噥噥的聲音，如果不是重要的事，對方多半不會再問一次。一來覺得麻煩，二來也會認為這些話不值一聽而當成耳邊風。結果，「你想說的事情其實根本也沒傳達出去」。

反之，如果清楚有力的大聲說話，**能讓聽者感覺那些話值得一聽**。

此外，要表達斬釘截鐵的主張時，就要令人感到強而有力來增加說服力。

與其說「我覺得能大賣」，而要說「肯定大賣」。

比起說「似乎有這個需求」，不如說「絕對有這項需求」。

只是說法上的小小改變，傳達給人的印象便大大不同了。

「說得這麼肯定，如果之後結果是錯的……」

的確有可能如此。但是現階段只是憑手中的資料來下判斷，因此說得誇張點也無妨。

如果說話小聲又不敢下斷定，別人對你就會有「這個人無法肯定自己的說法」、「這傢伙不敢負責」的壞印象。不敢負責任的人既得不到好評，也不會被賦予重任。

此外，字也要好好寫，**把字寫得大大的，字體也要粗一點**。

如果字寫得又細又小，顯得很不可靠，更會讓人覺得很軟弱、風一吹就跑。

反之，粗獷的大字會令人感到強烈的意志。光看這樣的字，就能感受到堅定的自信心和決策力。

比方像是同事代接電話所留下的便條紙，或是不經意看到別人的筆記，如果上面的字寫得又大又粗，就會讓人在內心認為你「很有幹勁」、「很認真」、「簡單明瞭」等好印象。

話要大聲說，字要大大寫——在生活當中展現諸如此類會帶來好感的舉動，效果絕對不容小覷。開始工作的第一分鐘，請告訴自己：「聲音要大、字要大！」隨時隨地留下好印象。

那樣的人絕對會深獲眾人好評。請將這樣的形象刻畫在心中，督促自己往理想的方向前進吧。

08 報告書請整理成「35字×30行」！

商業文書不必是文采斑爛的佳文，但必須是「**簡單明瞭的文章**」。

我從前曾經遇過有位同事寫得一手好文，因此他有個毛病，喜歡寫落落長的文章來誇示自己的文采。

然而，此舉絕對不會獲得好評，因為拉裡拉雜寫一堆，反而讓人摸不清到底想傳達什麼。

商業文書若不能清楚將文意傳達給對方理解，根本毫無意義。

尤其正當忙碌時，越是長篇大論越會不想閱讀，這一點應該大家都一樣。

文章長度以能在一分鐘之內讀完最為理想。若是A4大小的文件，內容以一行三十五字、共三十行最為恰當，電子郵件則控制在滑鼠下拉兩次以內為佳。

重點在於「**先講結論**」，在向上司報告的時候也一樣。

像小說等讀物會在最後才出現結論，但商業文書的結論則要越早提出越顯親切。

因為「時間就是金錢。」

先寫最重要的結論，之後再將過程簡潔地敘述出來即可。

例如：「關於那件交易案，對方已經同意預算為一千五百萬日圓。在此之前，我們已經多次協商，我認為這是雙方最能妥協的極限了。雖然我方獲利不多，但終於還是達成了交易。我會盡速調整時間表，著手進行。」

其次，「一句話只表達一個訊息」也是至關緊要的重點。

有人喜歡在一篇文章中陳述好幾個想說的事情。但這樣反而不能讓對方抓住你真正想表達的重點。

「一篇文章只表達一件事」。這樣，你想傳達的訊息才能更明確，確保對方明白無誤。

請盡量避免使用「但是」、「不過」、「於是」等接續詞。接續詞過多，文章就變得囉嗦又冗長了。

文章容不容易閱讀，其實一目瞭然。建議適度地換行，一句話不要寫得太長，多多用句點。

請看看夏目漱石《我是貓》的開頭幾句：

「我是一隻貓。尚未被命名。也不知道自己在哪裡出生。」

簡潔，而且一氣呵成。文字立即進入腦海。

如果這段話不是用句點，而是用逗點區隔再加上一些接續詞，會是如何呢？

「我是一隻貓，但尚未被命名，而且也不知道自己在哪裡出生。」

少了俐落感，焦點也變得模糊。

若不是文藝作品，焦點模糊的情形會更嚴重。

學會用簡短的一段話寫完重要的事。平時不妨利用日記來多加練習，進而養成習慣吧。

09 善用「官方資料」來突破心防

所謂會議，說穿了就是「**提出否決的場合**」。

會議的目的就是，逐一否決與會人士的提案，然後決定出最後一個結論。

據說在家庭式餐廳的新商品提案會議上，一百個提案當中，最後採用的頂多只有三個。其餘絞盡腦汁才想出九十七個提案都被無情地拋棄了。

然而，有時候「留下來的三個並無突出之處」。究竟勝負的關鍵為何呢？

人人都希望自己的意見獲得採納，相信你也不例外吧。因此，你必須盡可能刪去可能被否決的要素。有些網站值得你抽出一分鐘時間去看看。

那就是公部門的資料。運用公家機關所發表的權威資料，作為你說服對方的有力材料吧。

「真的有這個需要嗎？我實在不覺得。」

「很受三十歲族群的歡迎？真的嗎？是你的朋友圈才這樣吧？」

如果對方提出這些反對意見，就立刻用官方資料來佐證。

「事實上，厚生勞動省（類似於台灣的「勞動部」）也提出這樣的數字……」

「去年的中小企業白皮書上有這樣的資料……」

只要提出公家機關的資料和數據，誰都沒話說了。

我自己也經常使用官方資料。我所開設的講座，有很多以創業為目標的上班族前來參加，一開始，我都會對他們這麼說：

「想創業的人非常多，但各位知道在經過十年後，還倖存的創業者有多少嗎？這裡有一份二〇〇六年的《厚生勞動白皮書》資料，請大家看一下，一年內有四成倒閉，二年後只剩下四分之一存活，十年後高達九成消失了。在這種嚴峻的狀況下，敝公司已經創業十週年了。換句話說，我是經營公司長達十年的經營者。因此我有資格站在有志創業的各位面前，跟大家分享我的專業。」

雖是自吹自擂，但比起空口說白話，我舉出實際數字就更具說服力了。

順便一提，官方資料在網路上很容易找到。

一般上網搜尋的話，會跑出龐大的資料來。其實搜尋時有一個訣竅，就是**在搜尋**

的關鍵字加上官方的網域名稱「go.jp」（以台灣來說，便改為「gov.tw」）。例如想搜尋消費者動向的話，就在搜尋列上輸入「消費者動向」和「go.jp」，就會顯示出官方網頁。

順帶一提，這樣的網域名稱僅限於公家機關使用，因此便能夠**只搜尋到公家機關所提供的資料**。

總之，你若希望自己的意見被採納，首先要假設「大家都不願採用你的意見」，這樣你才會想方設法地達到目的，然後信心十足地出席會議。

10 開會前一分鐘的自我檢查

重要的洽商、提案之前，請先到洗手間檢查一下自己的外觀。光是出門前檢查還不夠，「上場一分鐘前」的檢查更是疏忽不得。

檢查重點依序為笑容、牙齒、頭髮、肩膀、領帶、皮鞋。

首先是笑容。自然微笑時，必須看得見牙齒。此時，下排牙齒看不見倒無妨，但要露出上排牙齒。

請對著鏡子笑瞇瞇，然後檢查一下，如果看得見六顆上齒就及格，能看見八顆最理想，但至少要能看見六顆才行。

確認齒縫間有沒有夾雜著菜渣，可以的話，請簡單刷一下牙。

其次，頭髮是否亂翹、肩膀上有無頭皮屑等，必須對著鏡子從各個角度檢查清楚，然後用梳子梳理一下。

領帶是不是鬆了？

是否沾到午餐拉麵的湯汁？

重要場合時，請在公事包裡準備一條備用的領帶。即便不必更換領帶，也請重新打好，這個動作也會令你更有幹勁。

最後是皮鞋。腳部於視線的最下方，往往容易忽略。然而正因為如此，皮鞋擦得光亮就能予人「**這個人連小地方也不馬虎**」的好印象。

如果鞋子髒了，就趕快擦拭乾淨。

「男人不必太重視外表……」很多人這麼想，但商場上這種想法絕對行不通。重要場合必須提早到達的原因之一，就是要**空出整理服裝儀容的時間**。在約定地點附近的車站、商業大樓或是便利商店都可以，不妨借一下洗手間，花一分鐘時間仔細自我檢查吧。

做好這個動作，工作成果將大大改觀。

11 「正面」看待客訴

忽視一件客訴，將流失十名顧客。

這是自古名言，而且千真萬確。

誰都不喜歡接到客戶投訴，但如果敷衍了事，對你和公司都將是莫大的損失。仔細想想，客訴一定充滿了當事者所沒注意到的寶貴忠告。

反正無法避免，何不正視抱怨，學習因應之道。

會提出客訴的顧客大致可分為兩種類型。

一種是不甘寂寞的人，他們渴望獲得傾聽，於是喜歡打客訴電話。面對這種客訴，無須否定、無須解釋，只要回應「這樣呀」、「我知道了」，默默傾聽抱怨就行了。

只要認真聽他抱怨，對方就會氣消。有些人抱怨完還會提出建議，這時候就表示出認同，然後提出以他的意見為主的改善方案。應對得宜的話，說不定對方還會變成你的粉絲。

另一種會提出客訴的人，是打心底喜歡這家公司或這個商品。正因為愛之深，稍有不完美便責之切，於是懷著「如果這點能改善就好了」的想法而刻意客訴。對我們來說其實是大恩人。

此時不妨設身處地想一想。抱怨其實是相當麻煩的事，要指出對方的缺失，大部分人都會覺得有壓力吧。

假設你很喜歡的一家餐廳新來一名女服務生，她的服務態度粗魯，讓你很不開心。但這時你會真的叫店長出來，然後提出客訴嗎？恐怕不至於吧，更多時候我們會選擇什麼都不說，心想「下次不會再來了」。

會抱怨的客人，是因為他們不會視而不見，**為了店家好而願意鼓起勇氣提出意見，你應該珍惜他們的存在才對**。一名抱怨的客人，代表後面有十名（恐怕更多）抱持同樣不滿的客人，只是他們選擇沉默罷了。

換句話說，忽視一件客訴，就會流失十名顧客。但如果應對得宜並改善缺失，就能同時消除十名顧客的不滿，而且還能把這名抱怨的客人變成老顧客或粉絲。

不願意處理客訴，是因為「失去一名這種客人無所謂」的心理作祟。然而，這正是失去十名顧客的原因。

更進一步的說，這也等於是拒絕去學習滿足一百名顧客的方法。

因此，千萬別下錯判斷了。這正是花不到一分鐘的勝負關鍵。

chapter

4

一分鐘「捨棄」術

不再勉強、浪費、失誤

01 不做筆記

就我所知，事業成功的人都不太做筆記，如果做筆記，也只會寫下真正重大的事情，因為他們寧願把時間花在專心傾聽。

讀書時，老師會告訴學生們「要認真做筆記」、「把黑板上寫的全部抄下來」。用各種顏色的筆把筆記整理得漂漂亮亮的學生，總能獲得老師的讚美。

然而，我覺得真正會讀書的學生通常不太做筆記。因為光是整理重點就夠複雜了，所以乾脆專心聽講，用功預習和複習。

會用各種顏色的筆把筆記寫得漂漂亮亮的學生，反而功課都不太好。他們不是為了學習而做筆記，而是為了「能把筆記做得這麼漂亮」這種滿足感而努力的。

這些人進入社會後，還是理所當然地努力做筆記，例如開會時會拼命記錄白板上的字，或者上課時在講義上寫得密密麻麻，他們寫筆記的時間比看講師的時間還要長得多。

但是，我不得不說，這是徒勞無功的，因為**寫筆記這件事本身並不會創造出任何結果，也毫無生產性**。

比方說開會時寫在白板上的字，只要用手機拍照留存就可以了，或將必要的部分稍微抄在記事本上。如果真的想學習到什麼，認真聽講才是明智之舉。

就算講師說了一些讓你很想寫在筆記上的金玉良言，但若真的是令你印象深刻的內容，不抄也應該能記住才對。反之，如果認為「做了筆記，之後就能一看再看」，那是搞錯重點了吧。

不過有一點例外，就是「上司有所指示」時。當上司叫你，你就必須拿著紙筆趕快跑過去，這時候「假裝」做筆記是一種禮儀。

你已經不是國中生了，不要再做無謂的作業了，**把時間花在真正必要的事情上吧**，而這個選擇權就在你手中。

02 收拾會讓你浪費時間的「多餘事物」

「每天的工作總是無法順利進展。」
「想做，但卻沒法提高效率。」
「開會時大家講什麼全不記得了……」

哀怨自己老是不能專心致志的人，恐怕是因為「開始做事的方法」有問題吧。

著手一項新工作時，請先**花一分鐘時間將周遭整理一下**，只要是與待會要進行的工作無關的東西，全部讓它們消失眼前。

不論做哪種工作，絕對要收起來的東西就是智慧型手機。

即便客戶有可能用手機聯絡，只要聽得見來電鈴聲就好，請把手機放在包包或辦公桌的抽屜等「看不見的地方」。而開會中反正不能中途離席，就別帶手機進去吧。

就算正在專心工作，只要看到智慧型手機，難免心神鬆懈下來，於是不由得想到「看一下臉書吧」、「對了，之前好像有看到一則好玩的貼文」而動手去拿手機。

另外也要特別注意那些你拿來當作參考資料的報章雜誌。只剪下你所需要的內容，其餘部分丟掉或放在隨手拿不到的地方。否則，你會在看必要的資料時，不知不覺又分心去看旁邊的報導。

事業成功的人，會在事前**排除這些會導致分心的可能性，為自己創造出能夠專心致志的環境**。

「就算再怎麼整理，但眼前有一台能上網的電腦，還是會不由自主的在網路上閒晃呀。」這點的解決方法超簡單，拔掉電腦的網路線就行了。

人類的意志力非常薄弱。別再徒嘆意志不堅定，還是趕快採取具體對策吧。

03 會議只要得出結論，馬上散會

我最討厭做徒勞無功的事，而冗長拖拉的會議就是這類事情的第一名，再沒有比這更浪費時間精力的了。如果是八個人開一小時徒勞的會議，對公司來說，就是損失八小時的勞動力。

因此開會時，必須事前設定好終點。

所謂終點，不是時間，而是目的。

目的不應是「關於○○計畫的會議」，而是「就○○計畫，決定如何提升來客率的會議」，具體地讓與會人士知道「為何開這場會議」。

只要**達成目的，會議就結束**。即便預計一小時，若二十分鐘便得出結論，那就立即結束會議。與會者都知道「一有結論就散會」，不但興致會比較高，也會踴躍發表意見。

「反正還有時間啊」因為這種理由而拖時間是最糟糕的狀況。

一分鐘工作術

想清楚開會的目的

╳就算得出結論，仍然繼續拖延下去

↓

○得出結論就立即散會！

此外，如果原本預定開會一小時，一小時後就該果斷地結束，即便未討論出結論也絕對不可延長。

因為若老是不能依原訂計畫結束，與會者一有「反正沒有結論就會拖延下去」的心態，便不會專心開會。

而且把會議延長只會徒增疲勞，不會出現建設性的意見；如果真有建設性的意見，早在一開始就會提出來了，不會拖到最後。

沒有得出結論就下次開會再議。這時必須向大家清楚說明下次開會的目的：

「這次針對○○一案未能得出結論，我們下次開會再繼續討論。請大家回去將今天的意見整理一下，下次準備好再來。」

另外，會議室沒必要布置得太舒適。大家不是來休息的，因此不必準備茶點飲料。聽說某企業是全員站著開會，而且十五分鐘一到就結束。我認為這是非常睿智的做法。

一分一秒都別浪費。這是會議的鐵則。

04 不必整理名片！

在商場上待久了，收到的名片也越積越多。有些初次見面而交換名片的人，日後也許成為你的重要合作夥伴，但也有人從此沒再聯絡了，後者的情況占大多數吧。

因此，累積一堆名片可說是相當無謂的事情，不需要的名片就乾脆丟了吧。

至於哪些是「不需要的名片」，則視職業而定。

如果你是一名業務，只要拜託過的客戶，就有必要留下他的名片，換句話說，名片是戰利品。不過，倘若未來沒有合作的可能，留著這張名片也沒用，再加上存放名片的空間有限，還是丟了吧。

若你負責的是總務工作，會有很多前來推銷的廠商名片，或許你會抱持「可能哪天會有需要」的想法而留下名片。然而，當你「想更換影印機的租賃公司」時，到底有幾個人會特地從過去拿到的名片中去尋找合作對象呢？

在這個時代，只要上網搜尋，就能立即找到符合需求的公司，花工夫在名片堆中翻找根本了無意義。

只要排除掉不需要的名片，真正有必要時就能輕易找到你想要的名片。因為符合需求的件數少，更容易找到目標。這是淺顯易懂的道理。

然後再**將這些必要的名片加以「分門別類」**。

我因為經常開設講座，每次課程之初都會和學員交換名片，也就累積了一些新名片。這些與其說是我的財產，不如說是公司的資產，因此全部交由公司存檔。

我個人保存的都是媒體業者或同行的名片，全部以「○○相關業者」的屬性分門別類。

千萬不要依照姓名來排序。因為我們之所以要去翻找名片，就是因為記不得那個人的名字。

「那時候碰面的那個人，叫什麼名字啊……」如果用姓名排列，肯定一籌莫展。

以上介紹了一堆名片整理術，但其實我真正的想法是，**現在這個時代已經沒必要整理名片了**。

在從前，要查一個電話號碼得耗掉不少時間，如果沒有名片，就必須從厚厚的一大本電話簿中大海撈針。

但時代不同了，如今只要上網搜尋，就能在短時間內大量找到各式各樣的資訊。企業等組織自不在話下，透過社交網路等，也能輕易找到個人的聯絡管道。而且只要傳過訊息，就能從之前的紀錄中取得聯繫。

現在要連絡想找的人，名片已經不是最便捷的手段。因此，沒必要花太多心思去整理名片。

丟棄不需要的名片，只留下適量必須用到的即可。

05「每隔一週」丟一次資料

剛剛開完會的資料、公司發下來的內部公告、處理完畢的訂單、廠商寄來的檔案資料……。

如果完全不整理的話，我們的辦公桌只要三天就會堆滿了文件。

有增就必須有減。這道理人人知道，但就是做不到。尤其剛進公司的新人，原本空蕩蕩的抽屜和文件夾，轉眼就塞得滿滿了。

我們之所以捨不得丟資料，是因為總想著「說不定哪天會用到」，但是，那個「哪天」不知何時才會來到。即便想乾脆「該丟的都丟了吧」，還是忍不住猶豫不決：「等等，這個還是留下來好了。」

要脫離這種「回到原點」的狀態，我常用的招術是「**暫時垃圾桶**」。很簡單，你只需要準備一個不要的紙箱。

首先，將這一年完全用不到的資料無條件丟棄。再針對篩選過後留下來的資料思

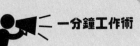

用十秒鐘判斷「丟棄或保存」

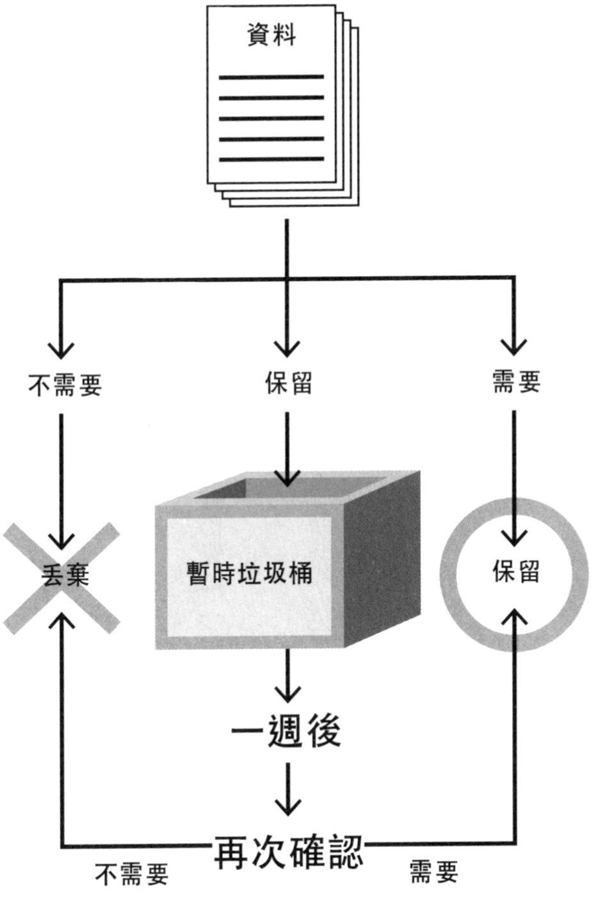

考「該如何處理」。

此時，想太多就會丟不掉，因此各用十秒鐘當機立斷，感覺「似乎不需要」的就相信自己的直覺而丟了吧；感覺「顯然需要」的就好好保存起來。

問題在於令人猶豫不決的東西。這類東西就放進「暫時垃圾桶」，一週後再重新檢視。

「覺得不需要，但又不放心」的東西，**一週後再看仍覺得「應該不需要」，就表示真的不需要**，請丟棄。

如此再次檢視後，你將發現你所累積下來的資料高達九成是不需要的。一旦這麼做過一次，你就不會再無謂地累積東西了。

已經得出結論的會議資料當天就可以丟掉，因此「暫時垃圾桶」裡的東西就會變少。一週一次，每次花一分鐘檢查「暫時垃圾桶」，相信你會越來越輕鬆。

06 下班一分鐘前「將桌面物品歸回原位」

我認為，工作能力優秀的人，桌上絕對不會亂七八糟。

有許多把辦公桌弄得雜亂無章的「散亂鬼」會如此找藉口：

「東西亂亂的，我比較放鬆自在，而且什麼東西放哪裡我全都知道。」

但是，仔細觀察，你會發現他們一天中有相當多的時間都在東摸西摸地找東西。把時間花在尋找，一點生產性都沒有，**就只是在浪費時間而已**。因此，「整理桌面」是必須要做的事。

無須整理得「美觀大方」，像有些人很堅持資料夾的大小一致，但其實不需要如此吹毛求疵。

整理桌面**最重要的原則是依據「使用頻率」**，隨著工作內容和進行方式不同，物品的使用頻度也不一樣，請視個別工作狀況以「自己的標準」來衡量。

經常使用的物品就**放在「固定位置」**。說得極端一點，不常用電腦的人，就沒必要將電腦放在桌子中間。

另外像是文書資料，是每天都要用到？還是二、三天看一次？或是久久才會拿出來？請依狀況分別收納在不同地方。

如果是每天都要用到的資料，就裝在資料夾裡，立放在桌上。

反之，如果是久久才翻閱一次，就算收進抽屜等不容易拿到的地方，也不會覺得不方便。

不過，即便刻意整理妥當了，往往過沒多久又恢復凌亂，原因在於「沒將桌面恢復到自己想要的理想工作狀態」。這麼一來，整理就毫無意義了。

這種時候，請**利用下班前一分鐘**，**「將桌面恢復成原來的樣子」**。

心想著「反正明天再整理就好」是不行的，到了明天就會馬虎過去。請利用下班前一分鐘將桌面整理成最佳工作環境，才能好好地運用明天一整天的寶貴時間。

一分鐘工作術

將物品放在「固定位置」

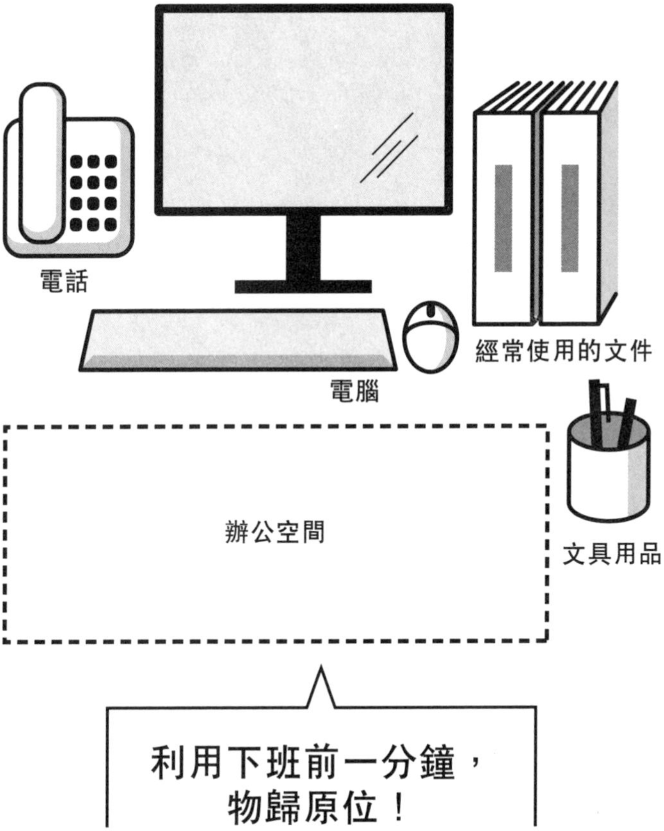

07 不分「上班」、「下班」，工作更輕鬆

能夠清楚區分「上班」、「下班」時間的人比較成功。最近似乎有這種風潮，但我並不這麼認為。我周遭許多事業成功的人都沒有明確區分上下班時間，他們連週末假日都**保持著工作意識**。

例如，我在週末寄發電子郵件，事業成功的人都會立即回信。反而那些我覺得不太可靠的人，他們一定等到週一的下午才會回信。這些人認為今天是放假日，就把電子郵件等聯絡管道全都關起來了。

就我的經驗，**區分上下班時間有弊無利**。

拿電腦來說，一旦完全關機，再次開機就要花上好些時間。人也一樣，週休假日將工作完全摒除腦外，一到週一，就得再花時間讓大腦進入「工作模式」，你不覺得這是很痛苦的事嗎？

週日傍晚看完電視卡通《海螺小姐》後，假日就結束了，因此有點傷感。所謂的

「海螺小姐症候群」就是這麼來的。如果會傷感，那一開始不進入「休假模式」不就得了。

順帶一提，像我這樣的自由工作者，其實沒有「完全放假」的感覺，因此不會陷入「海螺小姐症候群」中，看到《海螺小姐》，也只會想到「今天是星期日啊」而已。

身為上班族，也請將工作的事隨時放腦中。

當你一邊在看著電視時，請同時在腦中分配下週的工作，或者將待辦事項寫在記事本上，這麼一來，到了星期一，該做的事情都決定好了，**就不必花太多「開機時間」，能立刻著手進行**。

有些公司會做一些相關設定，假日收到的電子郵件即轉送到個人信箱，方便確認。這麼一來，若有狀況發生，便能提前掌握內容，總比到了星期一才知道，這樣更能採取適切的行動。

身體「下班」休息，但心情保持在「上班」狀態，才是度過假日的聰明方式。

08 「寫電子郵件之前」就添加附檔

「請確認附加檔案。」

信裡雖然這麼寫，但寄來的電子郵件上有時就是找不到附檔。對發信人來說，這是單純的失誤，但對收信人而言，難免擔心：「到底怎麼了？」事後再發封信說：「抱歉，忘了附加檔案了，再寄一次。」真是糗大了。

為避免丟這種臉，我向來都在**寫信件內文之前就先附加上檔案**。不是「先寫內文，而後附加檔案」，而是「先附加檔案，再寫內文」。

之所以會忘了附加檔案，往往是太過認真寫信件內容所導致。雖然心裡惦記著「不能忘記待會要附加檔案」，但寫著寫著太投入就忘記了。

因此，在寫內容之前，請先將檔案附加上去。

信件主旨也是一樣。很多人覺得重新打上收件人的郵件信箱很麻煩，就直接利用收到的信件回信，這樣做無所謂，但主旨必須重新修改。

郵件主旨寫著「RE：關於週四的討論案」，內容卻完全不相干，會帶給對方「寫信者很散漫」的印象。

如果內容和之前寄來的信件無關，禮貌上至少要**重新打上主旨，並刪除之前那些不相干的內容**。

當然，還必須確認地址是否正確。如今電腦功能提升，能夠記憶郵件地址，卻往往導致把郵件寄到相似地址的失誤。因此，請用手指慎重地指著地址確認清楚，不可輕忽。

總之，在開始書寫之前，應該先花一分鐘做完這些事，再好好開始撰寫本文。

09 以「範例文章」一分鐘回信

在我們每天拼命努力的工作當中，其實包含了很多「白工」。如何將這些白白浪費掉的時間精力省下來，是成功的重要因素。

現在有不少商務人士每天花相當多的時間在「處理電子郵件」。不論再怎麼忙，早上到公司後以及下班前，都會花時間處理電子郵件，至少二次，但一天檢查多次郵件的人應該不少吧。

電子郵件的優點是「不必在意對方的時間，隨時可發送」、「想傳達的內容可以用文字記錄下來」，非常方便，因此有人甚至一天必須處理數十封郵件。

當然，重要的信件必須好好處理，然而其中多少包含了優先順位低、不重要的信件。無論如何，最好能減少花在處理信件上的時間。

首先，重要的是**「不要動不動就去確認電子郵件」**。

頻繁地檢查郵件的人，等同讓別人來控制自己的時間。有些人會做一些設定，讓公司的電腦接到信件時，也會讓自己的手機同步接到「通知」，這個功能真有必要嗎？

工作的控制權應該掌握在自己手中，因此，處理郵件的時段應該預先決定下來，其餘時段則專心處理其他事。

此外別忘了，電子郵件「並非實體信件」。若真有何重要的請託事由，寫實體信比較有效，可以從問候文開始，寫一篇打動人心的內容。

相對地，**電子郵件只不過是一種連絡方式**，將想傳達的內容快速且正確地表達出來即可，無須寫出一篇文情並茂的文章。

建議不妨依內容準備幾個範例文章來套用。**花時間去思考電子郵件如何寫，實在是很浪費心力**。

多多換行，內容清楚傳達出來即可，少說廢話，越短越好。

尤其回信要簡短，因為回信大半不是回答「Yes」、「No」，要不就是從幾個選項當中「擇一」罷了。

對方只想知道答案，因此沒必要說一堆理由來浪費對方的時間。具體而言以**「五**

行以內」為目標。

平時就多練習「寫一封簡短的電子郵件」，自然能越來越得心應手。不論寫何種郵件，都以一分鐘內完成為目標。

此外，請刪除過時的電子郵件。以我自己本身來說，**一年前的郵件便會全部刪除**。

當然，每天的郵件中，只要不必要的就立即刪除，但有些與契約相關，會覺得「保留一陣子比較好」，但即使這類文件，如果沒必要保留一年就用不著考慮了。

10 用一分鐘瀏覽「名著」

有許多社會人士必讀的「名著」諸如：戴爾．卡內基的《如何停止憂慮開創人生》（*How to Stop Worrying & Start Living*）、史蒂芬．柯維的《與成功有約：高效能人士的七個習慣》（*The 7 Habits of Highly Effective People*）、托瑪．皮凱提的《二十一世紀資本論》（*Capital in the Twenty-First Century*）等等。

喜歡閱讀的朋友應該已經讀過了吧？真是了不起呢！

因為這類名著通常很厚，閱讀也算是一件辛苦的事。

「買是買了，但沒讀完。」

一定有這樣子的人吧。

對商務人士來說，能夠自由使用的時間很有限，在如此有限的時間中，要學習、要從事興趣、要陪伴家人與朋友……，有太多太多事情要做了。

因此，就算不能把整本厚厚的書全部讀完，如果有其他**更有效率的方式**，我認為不妨一試。

例如可以閱讀網路上整理的資料，也可以閱讀別人的讀後心得部落格。

我在閱讀名著之前，一定先瀏覽網路上的相關資訊，了解這本書到底在寫什麼。

比方說，羅伯特．席爾迪尼的《影響力：讓人乖乖聽話的說服術》（*Influence: The Psychology of Persuasion*）。文字艱澀難懂，日文翻譯版書籍多達四百九十六頁（台灣版的頁數為三百五十二頁），即便想好好拜讀，若你不是真正的書痴，恐怕也會看得厭膩吧。

但是，如果瀏覽幾個網站，就會得知書中寫到「互惠原理、承諾和一致原理、社會認同原理、喜好原理、權威原理、稀有性原理」。如果想進一步了解其中的「互惠原理」，就可以在網路上找到相關文章。

「帶著知恩圖報意味的互惠原理，深深滲透進人類的社會文化中。人類之所以為人類，真髓就是懂得知恩圖報。

互惠原理的特徵為強而有力、有接受的義務，而且往往導致不公平的交換。

一旦被親切對待，對方若有所託，我們多半會滴水之恩，湧泉以報。

善用互惠原理讓對方答應自己的請求還有另外一招，就是起初讓步，然後利用對方知恩圖報的心理，引出對方最後做出讓步。這就叫做『拒絕後退讓步法』或是『以退為進法』（Door-in-the-face technique）。」

諸如此類，對大致內容有所掌握後再開始閱讀該書。

於是，艱澀難解的敘述就變得容易消化了，而且，就算跳掉難解的內容，也不至於看不懂。

上網搜尋資料只要一分鐘就夠了。

只要花一點點時間，就能大大提升理解度，這種小工夫絕對值得你用心付出。

11 參加公司聚會，但不要續攤

「我不喜歡參加公司的聚會！」

最近，越來越多年輕人敢大膽說出這個心聲，我當然尊重每個人的想法，但我認為其實沒必要明說。

事業成功的人會參加這類活動，**只不過，他們不會續攤**。

一場兩小時左右的聚會，結束後一分鐘之內離開。切忌久留。

喝茫的人往往話多，起初大家還興高采烈地談話，過了兩小時，就開始抱怨和吐苦水。這時候千萬不要被扯下水。再說，待得越久，睡眠時間就越不夠。

若召集人將場面控制得宜，應該在聚會開始的兩小時後做個結束。這時候大家就該輕鬆散會了。

要是還拖拖拉拉聊個沒完，不妨悄悄跟召集人說一聲：「有些人住得比較遠，是不是就到此為止了呢？」

如果你每次都不參加續攤，久而久之，旁人自然認為「他就是這個樣子」。而如果明說「討厭參加這類活動」，則會給人不近人情的印象。因此，**參加但不續攤，就已經做到應有的禮數**。

反之，續完一攤又一攤而隔天宿醉的人，會讓別人覺得他是一個不能管好自己的人。

在我還是社會新鮮人時，一次在迎新會上被勸了很多酒，喝得爛醉如泥，第二天因為宿醉差點遲到，被上司臭罵一頓：

「應酬聚餐的隔天，新人要最早來上班才對。你那張宿醉、精神不濟的臉，以後誰還敢找你喝酒啊！你要搶先第一個到公司，然後出去跑業務，再找個地方睡一下！」

當時我很不服氣，心想：「不就是你一直灌我酒的嗎？」現在我終於明白了。

自己管好自己——沒有這種想法的人，就無法成為一流人才。

12 事先調查好交通路線

與他人洽商、交涉時，「提前抵達」是不二法則。尤其對方若是初次見面的人，更是無論如何都得自己先到。當然，遲到更是禁忌。

請試想。即將與你展開交涉的對象，先到見面地點等你，那你的第一句話會是什麼？

「讓你久等了，真是抱歉。」

然後對方說：

「不不不，是我太早到了，請別介意。」

這時，你就輸了。談判上已先矮人一截。如果你遲到了三分鐘，即便對方笑臉相迎，你那交涉和談判的氣勢也該折損大半了吧。

比對方早到，然後看看書，好整以暇地等待。為稍後的交涉、談判取得優勢，這個準備不可或缺。

此外，比對方早到還能了解到對方的為人。例如你早到十五分鐘，對方早到十分鐘的話，你可以判斷那個人是值得信賴的；而早到一分鐘的話，就可以判斷那可能是個「凡事都拖到最後關頭的人」。

因此，比對方晚到實在有弊無利。

為了能確實比對方早到，請「提前三十分鐘出門」。整理服裝儀容，重新閱讀資料，用手機檢查信件或看看新聞等，有意義地度過等待對方到來的時間吧。

此外，見面地點若約在陌生地方，不妨善用Google地圖的街景服務功能。許多人會先搜尋一般的地圖，然後列印下來帶去赴約。不過，**列印下來的地圖與實景不符的情況所在多有**，有時候看著街道上的店家、建築、目的地及周邊風景，還會因此迷路。

不過，街景服務的資訊有時也未及時更新，以致應該存在的店家卻不存在。因此，請當作參考性質，花一分鐘查詢一下吧。

13 「事前預約」避免浪費時間

為避免浪費時間和精力，我在赴約之前一定會做好「事前預約」。花一分鐘打預約電話或是上網預約，即能完全省下時間和精力。

例如到餐廳吃飯，我會事前打電話詢問：

「目前有空位嗎？可以馬上過去嗎？」

「我待會過去取餐，可以先幫我做好三人份嗎？」

事先溝通好，一到餐廳就能馬上用餐，完全省下排隊等待及點菜、出菜的時間。對餐廳來說，也能確認這筆生意，因此可說是買賣雙方互蒙其利。

順帶一提，我們公司的午休時間是十一點。因為沒必要堅持在餐廳人擠人的十二點時段午休。時間稍微錯開，餐廳不會人滿為患，出餐時間也能快一些。而冷門時段有客人上門，餐廳更是歡迎。

新幹線的車票，我也是購買預售票，因為我不喜歡當天才大排長龍浪費時間，也不願擔心「來不來得及」而心浮氣躁。當然，我也不買無法確定座位的自由座。

假設公司不幫你出指定座位的費用，出差時也請**自費購買座票**吧。或許自由座很空，但無所謂，因為平常就要養成「不坐自由座」的習慣。自由座其實票價並不低，卻常常要與陌生人爭位子不是嗎？

點到點的移動其實只是段「過程」，該做的正事還在前方等著。事業成功的人會聰明地保留體力與氣力，好好發揮在工作上。

凡事先預約、不排隊。

為了不浪費寶貴的時間，必須聰明判斷什麼事值得花工夫。

chapter

5

一分鐘「連結」術

順理成章的事情創造信賴

01 花一分鐘思考「如何讓對方開心」

請設身處地，站在對方的立場想一想。不僅是在工作上，平時都要常保這種意識。

我認為思考「**這樣做應該會讓對方高興**」並加以實踐，是工作的基本原則，而且所有工作皆能因此順利進行。

並非「道德上理應如此」。

設身處地為對方著想並付諸行動，**獲益最大的人其實是自己**。

無論如何，千萬別讓對方感到心浮氣躁。即便芝麻小事，要是常讓對方煩躁、心急，他就會漸漸失去對你的信任感。

比方說，要不要花一分鐘打通電話，將會大大影響你的工作成果。

譬如以下這個狀況，你將新產品的企劃案提交給Ａ公司的承辦人員，對方的反應是「週二下午有企劃會議，一定會通過！」

到了週二下午，你一定提心吊膽地想：「會開完了嗎？企劃案過了吧？」

一分鐘工作術

站在對方的立場設想

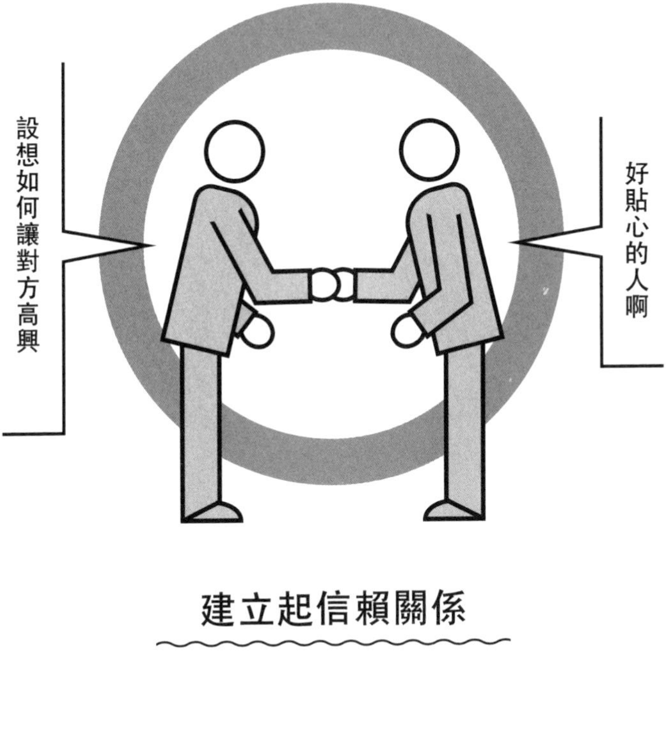

建立起信賴關係

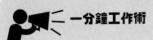

雖然擔心，卻不敢打電話確認，心想搞不好還在開會……。然後根本沒接到電話，悶悶不樂地下班，只好等到明天再聯絡。

另一種做法是，你乾脆主動打電話過去，然後得到「啊，通過了！」的回答。此時，你固然開心，但鬆了一口氣後，難免內心犯嘀咕：「幹嘛不打個電話通知我一聲！」

A公司的承辦人員或許認為：「過幾天就要碰面了，到時候再說就好了。」反正企劃案都過了，這是開心的事，就算沒馬上報佳音也不會惹人不快。

然而，這不過是A公司的立場罷了。

不論再忙，都應該先打個電話，例如簡單報告一聲：「企劃案通過了喔！」然後追加：「詳情等我們碰面時再向您報告。」

對方是上司的話，處理方式也一樣。

如果上司說：「那件工作要在本週內完成。」你就必須在週間就向上司報告進度，別拖到週末。因為上司可能會擔心：「到底有沒有確實在進行？」只要站在上司的立場來設想，你的做法就會不一樣了。

無論如何，打個電話都只要一分鐘就夠了。

如果僅考慮自己的立場，很可能因此誤判情勢。

若能從雙方立場來看待事情的話，就能大幅提升對方對你的信賴度。

02 利用對方「有話想說」的心理

每個人都有希望被他人認同的「渴望認可」心理。

因此，你只要**認真的傾聽並且給予理解，對方便會對你另眼相待**。

當然，對方說的話未必有趣，即便如此，你只須花一分鐘「傾聽」，就能夠得到對方的好感。以下介紹幾種「傾聽」的要訣。

◆不光只是「聽」，而要「傾聽」

僅以被動的心態聽對方說話，那是「聽」。

積極想了解對方而豎起耳朵，就是「傾聽」。

兩者雖是同樣的行為，但是否積極地想了解，對方能敏感地察覺，因為**有心與否會表現在態度上**。

我身為講師，在人前說話的機會相當多，我的意見應該多少能夠作為各位的參

一分鐘工作術

「善於傾聽」讓你更接近成功

傾聽的技巧

① 傾聽　② 靜默　③ 點頭

表示興趣　勿打斷對方說話　表示理解與附和

↓

用這三招
打開對方心扉

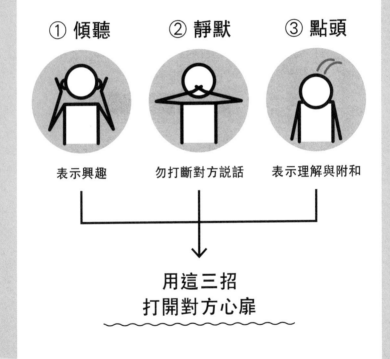

考。請務必表現出積極「傾聽」的姿勢，做到這點，就能給予對方良好印象。

◆不要打斷對方的話

聽對方說話時，往往會觸動心思而連想起什麼或想說些什麼，不過，此時若開口打斷對方的話，會破壞對方想好好說話的心情。

每個人都是想傾訴甚於想傾聽，這時候就得展現忍耐工夫了。

請隨時謹記**「花一分鐘默默傾聽對方說話」**。

◆傾聽的態度表現在隨聲附和

傾聽的同時，一邊適時「嗯、嗯」隨聲附和，就表示你「理解」他所說的話。當對方得知你正在認真傾聽，他就會更加掏心掏肺。

「隨聲附和」是加深雙方溝通交流的重要武器。

附和的話語像是：「喔～」、「是這樣呀」、「原來如此」、「咦～」、「我之前都不知道」、「難怪」、「沒錯」、「然後呢？」、「是這樣嗎？」、「哇～」等等。

如果不斷重複同樣的應和詞，會顯得單調而招致反感。因此請從以上這些語句中適當地選用，加以變換使用吧。

會說話的人未必能在商場上獲致成功。反而是能夠虛心接受建言、善於傾聽的人才更容易接近成功。請將三大要訣銘記於心。先取得對方的好感，就能踏出事業成功的第一步。

03 有時必須「撒點小謊」

基本上，人要誠實正直，但要是一味死腦筋不懂變通，則須三思。

我認為，**為了對方好，有時必須聰明地撒點小謊**。

例如臨時有其他要事而不得不取消原有的約會時——

「抱歉，臨時有事，想跟你約改天。」倘若這樣直接說，肯定會把對方惹毛。

「臨時有別的急事，因為那比跟你見面更重要，所以……」這麼坦白，絕對會惹對方不爽。

聽到這種說法還能夠平心靜氣的人應該不多吧。雖說如此，很多人還是這麼大言不慚，或許是因為沒有設身處地去理解對方的感受。

「抱歉！我遲到了，因為公司開會拖太久，真是不好意思。」

說這話的人應該是認為「開會」是很好的遲到理由。或許對方也會回答：「你辛苦了。」

然而，這不是真心話。他們心裡其實在嘀咕：

「開會是你家的事，跟我有什麼關係？」

從前，有個出版社的編輯跟我約碰面卻遲到了，他的理由是：

「我要出門時，突然被上司叫過去……，遲到了很抱歉。」

我「咦?!」了一聲，半晌說不出話來。心想：

「這個人難道不能跟上司表明『待會跟作者有約，能否回來再談？』不，或許他根本不認為有『回來再談』的必要吧？也就是說，他們公司根本沒把我當一回事？」

我腦袋瓜裡轉著這樣的念頭，都還沒進入討論主題，談話意願就已經大打折扣。

就我的經驗來看，很多商務人士都用公司的事來充當遲到或取消約會的理由，然而，**公司內部的事跟外人毫不相干**，根本不能當成藉口。

與其死腦筋地拿公司當擋箭牌，倒不如提出能讓對方認為「如果是這種事，那也沒辦法了」之類具有說服力的說法。

「真是不好意思，我感冒了，發燒到三十九度……，擔心如果傳染給您就不好了，不曉得是否方便改約日期呢……」

「抱歉讓您久等了！因為車子在路上拋錨，沒趕上電車，所以遲到了……」

像是這種理由對方應能接受才對。與其說真話令對方不高興，不如撒點善意的小謊，這對雙方都好。

請你在找藉口時，先三思而後行。

若是知道約會可能會遲到，**最好在事前就先聯絡對方致歉**，這樣對方才不會對你產生負面觀感。

「出門前車子突然發不動，我連忙改搭計程車，大概會遲到五分鐘左右，真的很抱歉。」

說出一些讓對方難以接受的藉口，只會越讓對方不開心罷了。反之，說點不讓對方介意的善意謊言，才能讓工作順利進行下去。

04 以「大家都知道的事」為開場白

只有那些表現平庸的人才會洋洋得意於「自己知道而對方不知道」。這種人在交涉談判或提案時，會用盡艱澀的知識和不重要的資訊來搏得對方注意。對方或許會做出「原來如此」、「我之前都不知道」等語帶敬佩的反應，不過，這些事變成左耳進、右耳出的可能性非常大，因為列舉出一大堆對方不知道的事，反而會讓對方失去興趣。

好比正在閱讀的書籍，如果內容全是自己陌生且不相干的領域，閱讀即變成一件苦差事，就算勉力讀了也進不了大腦而昏昏欲睡吧。道理是一樣的。

聰明的人知道這點，會從「**非常簡單，連國中生都知道的事**」來打開話匣子。然後觀察對方，等他表示「啊，那個我知道」、「的確如此」後，才繼續提起對方不知道的事情：「我想跟您說一件我們業界非常有名的事……」

只要對方與你的話題產生同感後，即使接下來你說的是他不熟悉的事情，對方也能保持興趣聽你說完。

先讓對方有同感，拉近距離後，再傳達新的資訊——依此順序打開話匣子，就算是艱澀的話題，對方也能自然而然地聽進去。

「您有電腦吧？我想您一定有，如果沒電腦就沒辦法工作了。可是，現在的年輕人都沒有電腦喔，他們上網都是用手機。換句話說，他們用手機就像我們用電腦一樣。而我們注意到有一款以這類年輕人為目標的手機應用程式，在此想向您提案……」

為了讓對方能夠把話聽完，最初的一分鐘至關緊要。就從「對方知道的事情」開始聊吧。

一分鐘工作術

用話題拉近對方的心

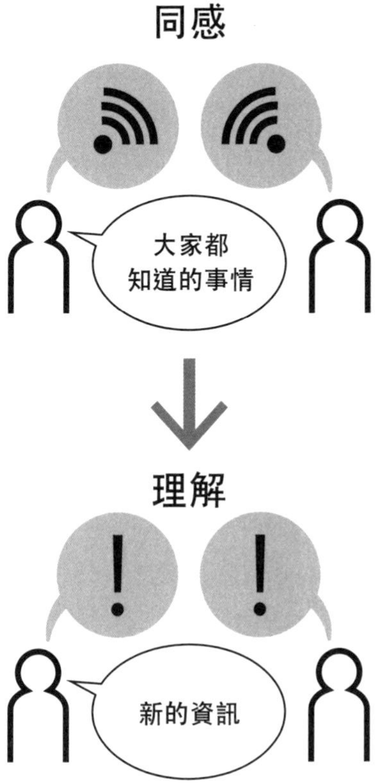

自然而然就聽進去了

05 用一分鐘「若無其事地重複對方的名字」

面對客戶或自己的上司，即便知道姓名，通常也多半會以「部長」、「課長」等職銜來稱呼他們吧。

不過，如果再加上名字，就能大大提升印象。

只要稍微有研究的人都知道一個商業技巧，不斷稱呼對方的名字能夠**讓對方產生好印象**。

不過，真正付諸行動是有困難的，因為那得確實記住對方的姓名才行。

換句話說，很多人是因為「記不住對方的名字才稱呼職銜」。

別無他法，只有為事業成功而努力再努力。請務必牢牢記住對方的姓名和長相。

首先，交換名片後的一分鐘是關鍵。請記住對方的姓名和長相，然後在談話中不斷稱呼對方的名字來加深印象。

另一方面，如果客戶不斷稱呼你的職銜，那你千萬別說出這樣的話：

「請別再叫我『部長』了，我不是什麼大人物，叫我名字就行了。」

或許你是真的不想冠上職銜，但聽在對方耳裡，會變成這種含意：

「你記得我的名字嗎？不會忘了吧？不然你說說看，我叫什麼名字！」

這會造成對方莫大的壓力。

不論是「部長」、「課長」、「股長」、「新來的」等，如果是對方稱呼你，**就讓他依他喜歡的方式稱呼吧**。如果對方稱呼你為「山田部長」、「鈴木課長」等職銜前面冠上姓氏的話，表示對方非常有心，應是個值得信任的合作夥伴。

嚴以律己，寬以待人。這是商業準則。

06「製造反差」增加魅力

人人都對「形象落差」難以招架吧。

平時看起來不可一世的課長，在飲酒會上對部屬一一敬酒，並說：「你們真的幫了我大忙，非常感謝。」就會讓部屬覺得：「課長人好好喔。」

這是人之常情。這種反差的效果能**讓負評一百八十度大轉變**。如果你想要更有魅力，有時不妨刻意製造一些反差吧。

只不過，這屬於相當高難度的技巧，做得不好就會讓場面很尷尬。如果要做，就要做得夠高竿才行。

首先，你必須了解「自己本來的個性」。自己當然對自己有所了解，但也不妨聽聽朋友、家人等第三者的意見。

「你是個很認真的人」、「有點輕浮」等，只要大略了解就夠了。

倘若旁人皆認為你不太可靠，那你就徹底表現出非常可靠的樣子，例如交際問候做得周全、約會時提早三十分鐘到、行為舉止彬彬有禮等。

「看起來雖然輕浮，但其實是個很踏實的人啊。」

展現出這樣的反差，就能帶給他人相當好的印象。

如果眾人眼中的你是一位內向柔弱的人，那你就積極幫助拿重物的人，展現強健的體力。「和外表很不一樣，說不定是個很可靠的人」等，旁人就會對你刮目相看。

在同一家公司待久了，難免優缺點都為人所悉，而且，眾人都會特別注意缺點。

因此，如果你不能**刻意展現出「不一樣的自己」**，壞印象就會僵固成刻板印象。

反之，即便予人的第一印象不佳，但能善用這種反差效果，就有扭轉逆勢的可能。

製造反差是扭轉人際關係的利器，請務必有效利用。

07 「失敗談」能拉近與對方的距離

「獲利超多，絕對划算，一點問題都沒有。」

只有半調子的業務員才會光說「好聽話」。

不過，盡是聽到「好話」後，反而會起疑「真的這樣嗎？」而失去信心，這是人之常情。

人際關係的道理也一樣。如果想拉近與對方的關係，卻盡談工作上的成功和自吹自擂，反而容易招致反效果。為公司帶來了多少獲利、事成之後如何又如何，這些話不但不能引起對方的同感，毋寧更讓對方心生反感，認為「這個人很煩」而與你保持距離。

大家喜歡聽的故事是，**明明很努力卻時運不濟，但總是不屈不撓地堅持下去，最後終於成功了**。

電視劇、電影、漫畫都一樣，平凡的人變強、落後的人拼命往上爬、不幸的人終於變幸福，這類故事向來擁有高人氣，因為人的普遍心態是對方越可憐就越想支持他。

換句話說，想打開對方心扉，有時就得刻意展現出「自己不好的那一面」。

不過，不能一一羅列自己目前的缺點，這樣會讓對方心生不安：「有這樣的缺點啊？那值得信賴嗎？」

因此，你要提的是**已經克服的「過去的失敗談」**。

如果有位推銷員向你這樣推銷學習教材，你認為如何呢？

「這個教材的效果超讚，我自己在學生時代曾經使用，考試都輕鬆過關，而且我念的是國立大學。買了絕對有利無弊。」

聽到這些話一定不會想買吧。但是，如果對方說：

「我從前都不讀書，整天忙著搞社團，直到快考試了，才驚覺可能考不上任何學校而慌張起來。那個時候，我像抓著一根救命稻草似地整天抱著這套教材，託它的福，終於考上理想大學，現在我就是在報這套教材的恩。」

聽到這裡，你會不由得想幫助這位推銷員吧？

又例如，你犯了一個大錯，上司把你臭罵一頓後說：

「我在你這個年紀的時候，比你還差勁，我也犯過和你相似的錯誤，讓公司蒙受莫大的損失。但是，就是因為我有那樣的經驗才有今天。你不要氣餒，要繼續加油！」你就會覺得自己還有希望，而且上司的安慰之語也會深入你心不是嗎？

有時候，**比起成功經驗，挫折經驗更能打動人心**。

遭遇挫折後，能把它當成「可以分享的經驗談」，那麼這些失誤和麻煩就會變得有價值。

當然，沒必要叨叨絮絮地訴說過去的失敗，要訣在於不能有強迫聽講的感覺。請準備一些可在一分鐘之內說完的失敗小故事吧。

請好好利用自己的失敗談來建立良好的人際關係。

08 一分鐘內「決定」，三天後再「拒絕」

用一分鐘判斷是好是壞，若要拒絕的話，宜在三天後才告知對方——。

這是有人向我提企劃案或推銷商品時，我個人的基本原則。

例如，顯然沒有機會實現的提案，或者是想拒絕沒必要的商品時，我會**等個三天再回答對方**。

反之，如果是有前景的企劃案，以及想買對方推銷的商品時，我會立刻告知對方，因為越早回答「Yes」越能讓對方高興。

判斷是好是壞，只消一分鐘就夠了。

那麼，為何拒絕的情況要等三天呢？

請站在對方的立場設想便明白了。對方理應是抱持相當的勇氣來進行提案的，為了不讓他的努力白費，就讓事情保留三天，讓對方認為我需要**仔細思考**這個提案。

「我和同事討論過了，因為評價還不錯，就向上司提案，但由於有相似的企劃案正在進行，上司便指示放棄這個案子了。」

這種拒絕方式，有個能夠取得對方諒解的要點，就是表達出這種立場：「我很想採用這個企劃案，但因為其他人士的考量而窒礙難行。」

要說出「No」時，找出上司等不可違逆的人，或是律師、稅理士（相當於台灣的會計師）等具有社會地位的人，比較能增加說服力。

當然，拒絕的理由不必然是事實。重點在於，即使拒絕也不能破壞雙方的關係。

「就算拒絕，也要與對方保持良好關係。」

這是最理想的。而為下次的合作關係鋪路也是不錯的方法。

「雖然結果令人遺憾，但總是難得的緣分，我們這幾天約出來吃個飯好嗎？」

「這次的事情很遺憾，下回再有好點子時，請您一定要聯絡我。」

雖然合作不成，但讓對方明白你想與他保持關係，他會很開心的。因此，請好好選用一套高明的拒絕辭令吧。

一分鐘工作術

三天後再拒絕對方

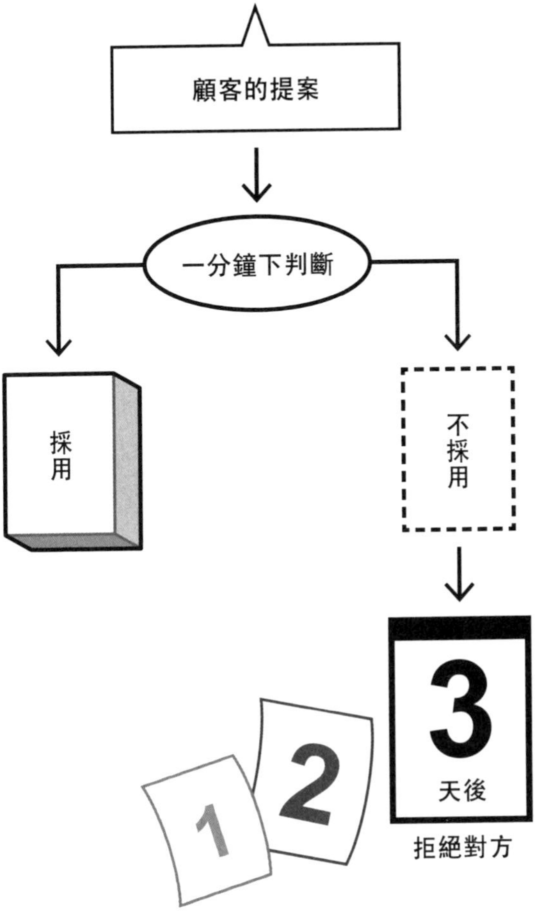

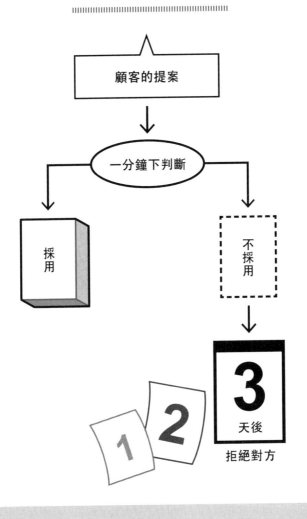

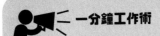

09 越有好感越會「提出問題」？

你能立即說出上司、同事、客戶的「優點」嗎？

一個都說不出來的人，可能無法勝任工作吧。今天起，請你用心尋找上司、同事和客戶的優點。

任何優點都可以，但並非要你去看他的工作成果，而是去找他默默在進行的「好習慣」。

- ◆每天都很早到上司上班。
- ◆辦公桌整理得有條不紊。
- ◆文章寫得相當棒。
- ◆經常閱讀。

能找出這類具體的優點最為理想，如果有機會，請稱讚他的這些優點。

一如常言道，「在人前誇獎，對方會更高興」、「透過別人傳達讚美之辭，能增加可信度」，這些都是稱讚的技巧。

我的做法是，如果只有兩人獨處時，我會當面稱讚對方。

對我而言，「稱讚」是**加深與對方交流的重要手段**。

例如，與上司一起外出，在搭電車的沉默片刻；恰巧同時下班，一起走到車站的途中；會議結束後，在離席前的短暫空檔；這些時刻不妨這麼讚美對方的優點：

「您每天都很早上班，真是了不起啊。」

事前將這些優點記下來，一有機會就能稱讚對方了。

稱讚之後，還可以追問：

「那您每天都是幾點出門的？」

「您是不是有特別早起的祕訣？」

「為什麼您堅持每天都這麼早上班呢？」

循著對方的回答，試著提出各種疑問。

每個人都喜歡被稱讚，因此你的提問，對方肯定爽快回答。

而且，**提問表示出你對對方感興趣**。

對方應該感覺得到，你不是臨時稱讚他，而是平時就注意到他的優點。

當然，你自己也受益了，因為當你了解對方的想法與實際付出的努力，也是為自己上了寶貴的一課。

不過，嚴禁觸及對方的隱私。請避免牽扯到家人、宗教與政治等敏感話題。

凡事過猶不及，時間以一分鐘為宜。

先讚美讓對方心情大好，再適時言歸正傳。

提問不但能讓對方留下好印象，自己也能獲益匪淺。

這就是圓融溝通的要訣。

10 找「成功人士」諮詢

工作上的諮商，請找「**該領域的成功人士**」，這是不二鐵則。

比如說，你不可能找一個不懂英語的人來學英語一樣，向不成功的人、毫不相干的人徵求意見，完全是在浪費時間。

我的講座中有不少志在創業的人，其中有人找我談過這樣的問題：

「我想創業，但我太太反對……」

真的能成功嗎？

要是失敗怎麼辦？

你一定是被騙了……

這也難怪。反對創業的太太是一名家庭主婦或兼差婦女，並無創業的相關知識與經驗，只要她想反對，就會列舉出一長串這類的理由。

而且，我並不認為你找她商量後，她能提出有益的建言。

我想說的是：

「為什麼你要找一個沒有創業經驗的人商量創業的事情呢？」

不僅創業，任何工作上的討論都一樣。

想提升業績的話，應該去找業務部裡**業績最好的人，聽取他的高見**。

正因為對方在該領域已獲致成功，能明確掌握無法成功的因素，才能指出你的缺失。你若感覺到被人在傷口上撒鹽，那正代表對方提出的忠告是有意義的。

想出人頭地，就要向已經出人頭地的人請益，至少要是課長級的人或是最年輕的主管，這些人一定有「自己在競爭中脫穎而出」的自負，而且已經為成功做出各種努力。有人向他們請教**成功經驗談，他們應該都會不吝分享**。

無論如何，請不要找公司裡跟你同個圈圈的好同事。

「唉呀，工作總有適合、不適合的問題啊，產品不賣，是時運不濟啦。」

「我們再怎麼賣命也沒用，產品就是那個樣子啊，趕不上時代啦！」

往往只會落得自我療傷、安慰罷了。

另一方面，成功者的忠告總是明確又簡潔，**一分鐘的忠告，可說是濃縮了一整年**

份的寶貴經驗。

順帶一提，我出來創業時也沒跟太太商量。創業後，有一天她覺得奇怪地說：「你最近的作息不太一樣呢。」我才向她告白：「其實我出來自行創業了。」

當然是被太太責備「為何不事先告訴我！」但可想而知，說了只會遭反對而已。創業必須做的事情一大堆，如果太太反對，還得另外費盡心力和時間說服她，乾脆事後再報告就好了。

煩惱時，一般人都會想找身邊的人或知己討論，這種心情不難理解，但是請記住，這樣反而會離解決事情越來越遠罷了。

11 以「眾所周知的實例」來說明

仔細觀察那些善於說明、能讓人心悅誠服的人，你會發現他們都有一個共通點，就是很會舉例說明。

能夠恰當舉例的話，即便話題艱澀又陌生，依然能令人立刻理解。事業成功者便是深諳這點，把舉例當成自己的武器善加利用。

所謂舉例，簡單來說，好比想讓人更容易明白到底面積有多大，就以「等於幾個東京巨蛋」來說明。正因為大家都知道「東京巨蛋幅員廣闊」，**以這樣的共識為基礎，因此這個例子能夠通用**。

舉例說明的要訣在於，須舉出眾所周知的實例。

例如，想向企業推銷社員研修課程時，要舉什麼樣的例子才能有效讓對方感受到，透過研修能夠提升領袖特質及對部屬的領導力呢？

如果以棒球為例，若說：「透過這種方法，能讓你獲得不亞於川上哲治[1]教練的領導力！」這個例子得要五十歲以上的資深棒球迷才聽得懂。年輕人恐怕會滿腦子疑問：「這人是誰啊？」

想獲得年輕人的理解，應該要舉出近年熱門的人選，例如說：「可以發揮和秋山幸二[2]教練一樣的領導力！」才更能湧現形象。

當然，如果是對棒球完全無感的女性，這招可能失靈，最好是說：「可以學會足以和賈伯斯匹敵的領導才華」等，以經濟界的實例來說服對方。

總之，應視對方狀況舉出恰當的實例。

舉例說明的最終目的在於幫助對方理解，因此若扯一些對方不關心或陌生的話題，只是徒增困擾，說不定還會因太愛炫學而惹人討厭。

如果是舉上司或客戶等對方熟悉的人，就更容易取得理解而順利溝通。

因此，平時就要針對對方在行的領域多做研究。例如對方喜歡打高爾夫球的話，如果你對高爾夫球一無所悉，就不能適時舉出適當的例子，而讓人在內心抱怨一句：

「這傢伙到底在說什麼啊？亂七八糟的！」

平時不常涉獵、不習慣舉例的人，要在談話時突然舉出適切的例子是相當困難的。因此聰明的做法是平時多準備。

如果要舉例說明「競爭、合作的關係」？

如果要舉例說明「大膽地改變方針」？

如果要舉例說明「逆轉勝」？

請平時就多準備這類可以在會議或提案上使用的實例。

花在這上面的時間和精力絕對值得。

何不準備一本專用記事本，一天花一分鐘把想到的實例寫下來呢？

從今天起，就將可用的實例素材一則一則累積下來吧。

註1　川上哲治（一九二〇～二〇一三）曾效力於日本職棒讀賣巨人隊。

註2　秋山素上（一九六二～）曾為日本職棒選手，現任軟體銀行鷹隊的總教練。

12 有時得要「假裝不知道」

「我聽到這個消息，你知道嗎？」

如果有人這麼問你，而他指的事情其實你已經知道了，你會如何回應？

如果對方是你的客戶或長輩，而且你覺得他「想說來嚇嚇你」的話……。

無論如何，請適當隱瞞，千萬別回答：「早就知道了，這件事在我們業界很有名。」

原本對方希望你能聽他說話，這下他一定好失望，甚至心生「我才不要告訴這個人任何事情」、「不想再跟這個人說話了」。

換句話說，可能一句話就破壞彼此的關係，並且難以修復。

這種時候，對於已知的事情必須絲毫不動聲色，**佯裝不知才是禮儀之舉**。

「這樣啊？我現在才知道，真是上了一課。」做此回答的話，就不會傷害對方的心情了。

洞察對方的心思，佯裝不知的體貼之情，能為洽商與工作帶來好結果。

不過，若對任何人都裝成凡事不知，有時候反而會給對方「連這種事都不知道？」、「太不做功課了吧！」等負面印象。

要訣在於站在對方問「你知道這件事情嗎？」的立場，判斷宜表明知道或佯裝不知。

對方只是單純想找人傾訴？還是想測試你的實力？必須洞悉對方的意圖。而這個判斷必須在一分鐘之內決定出來。

我的經驗是，對方若只是想找人傾訴，多半會露出充滿期待且表裡如一的神情；如果只是想測試你的實力，就會興致盎然地窺視你的反應。

為了維持良好的人際關係，請隨時察言觀色。

13 拿出一分鐘勇氣「填補心理鴻溝」

不管是在職場上或是私生活領域，要取消約會或拒絕對方，都是一項令人感到沉重的事。

這種事本來該親自打電話聯絡的，但因為「愧於對方」的心理作祟，不少人就避免與對方直接對話而改以電子郵件通知。

寫電子郵件不必跟對方直接互動，主導權完全在自己手中。也正因為如此，往往在斟酌如何找藉口時，時間就不知不覺浪費掉了。

越晚通知要取消或拒絕，越會讓對方產生計畫被打亂的困擾情緒。

這種時候，**更應該直接打電話把事情說清楚**，而不是寫電子郵件了事。

「真的非常非常抱歉，今天下午的約會可以取消嗎？」

「昨天您提出的那個案子，很抱歉在敝公司的會議上未能通過。請您不要介意，日後請繼續保持聯絡。」

打電話只要一分鐘就搞定了。而且親自打電話極力道歉的話，對方也會覺得「算了，那也是沒辦法的事」、「這個人也夠受罪了啊」。

打電話是一種與對方直接對話的行為，因此過程中，**雙方會逐漸產生「協調」的感覺**。

而寫電子郵件的話，對方會做何感想呢？

「咦？開什麼玩笑啊?!」

「現在才說，整人嘛！」

「如果我沒看到這封信，那事情會變怎樣？」

一定是越想越生氣吧。

即便你在信上再三解釋並道歉，對方也不會感受到你的心情。有時落落長的文字只會讓人更不爽。

只要拿出一分鐘的勇氣，就能當場俐落地解決，卻有太多人花時間把問題越搞越糟。即便是令你感到困擾的事情，請不要逃避，馬上拿起電話花一分鐘及時解決吧。

chapter

6

一分鐘「學習」術

人因工作而成長

01 能夠刺激幹勁的「誘發性事務」

假設你有一個重要的提案。

花了半年時間往來洽商，現在終於要面對面談判了。

前前後後這種時候誰都會緊張不已。適度的緊張感能喚起幹勁，但若是太過緊張，即會產生「搞不好會失敗」的負面心理。

一旦負面心理被誘發出來，很難一刀兩斷。

懷抱忐忑的心情從事重要工作，往往無法充分發揮實力。

被這種恐懼心理侵襲時，我會花一分鐘時間聆聽喜歡的音樂。

一如摔跤選手登場時的入場曲、棒球選手站上打擊區時所播放的主題曲，**一般商務人士要激起鬥志，也需要來一首主題曲吧**。

我常聽的音樂是葉加瀨太郎所演奏的〈熱情大陸〉。這首曲子常作為記錄片類型的電視節目主題曲，相信很多人並不陌生。

站上講台之前聽這首演奏曲，總能讓我興致高昂得宛如自己就是演奏者。而且，耳熟能詳的旋律也能讓我恢復平常心。

請選擇一首能激發熱情的「個人主題曲」，但須注意一個要訣，就是該首曲子只能有旋律不能有歌詞。

請選擇像〈熱情大陸〉、電影《洛基》主題曲那樣的演奏曲。因為有歌詞的話，恐怕大腦會揮之不去而影響到你正在處理的要事。

此外，不能聽完整首樂曲，而是準備好一分鐘以內的剪輯版。正因為是喜歡的音樂，如果花時間聽得入迷便本末倒置了。

只快速聽一下能達到振奮效果的樂章，然後趕快投入正事。請務必試試看這個只消花一分鐘就能激發熱情的小技巧。

02 工作「不能以好惡下判斷」

人們總是為自己設下許多限制。

「做這種事就太不像我了。」

「這種做法不適合我。」

「這份工作我不擅長。」

諸如此類，**斷定自己是個怎樣的人**。

然而，工作跟自己的想法無關。即便「不像自己」、「不適合自己」、「自己不擅長」也非做不可，這就是工作。

既然如此，何不一開始就**從自我設限中跳脫出來，事情也會因此而順利進行**。

因此，為了跳脫自我設限，當你遇到不太喜歡的工作時，建議不必想太多，就盡全力去做吧。

上司之所以挑中你負責那件工作，一定是預期你能勝任愉快，可見你能做出不錯成果的可能性極高。那麼，上司要你做什麼，你就盡力去做，不必多想。

若能做出不錯的成果，心中原本設下的限制便會自然消失，換句話說，你就能從自我設限中解脫。

反之，如果你抗拒：「幹嘛叫我做這種事？」或許機會便永遠不再出現。

上司就是上司，他在給你工作之前一定經過考量。

基本上，上司比你年長，經驗比你豐富，姑且相信他的判斷吧。

年輕時，別人交辦的工作還能做多少算多少無妨。年輕就是本錢。

然而過了四十歲，如果還以「我不適合做這個工作」而挑三揀四，恐怕公司就沒有你容身之處了。為避免落此下場，請趁現在多做多學，擴大自己能勝任的領域吧。

03 實現「寫在記事本的夢想」

一到年終，關於「如何使用記事本」的書籍紛紛出爐。記事本是工作上不可或缺的工具，值得好好參考這類書籍介紹的好方法。

不過，沒有一種方法是人人適用的，因此請自行找出適合自己的使用方式。我的記事本上記了很多事情，在此分享一部分給大家。

為了記住長相和名字，我會寫下初次見面者的職銜和特徵。

為了保持最佳狀態，我會記錄飲食和體重。

為了克服弱點，我會寫些鼓舞自己的話。

此外，年輕時我經常會在上頭「**寫出夢想**」。

買車、買房、成為暢銷作家……從微小到遠大的夢想，全都一一寫出來。時時翻閱，就能**將夢想灌輸到潛意識**當中。事實上，我所寫出的夢想幾乎都實現了。

現在也是，只要有新書出版，我會立刻在記事本上寫上「恭喜大賣五萬本！」然後把實際的發行冊數寫在旁邊，之後還差多少本便能一目瞭然。如果尚未達成願望，我就在電子報或臉書上追加公告，或在講座上大力宣傳，能做的努力便會盡力去做。

請你也把你的夢想寫進記事本中。

比方說：成為最年輕的課長、成為專案領導人、拿到一千萬日圓的訂單、多益測驗八百五十分以上。

然後，每天花一分鐘瀏覽寫在記事本上的夢想。

一再瀏覽目標，花時間思考目前已達成多少？還能再如何加把勁？便能夠確實的往美夢成真的路上邁進。

04 典範宜找「與自己相似的人」

有目標，便能避免心生茫然、不知所措。

「想成為像他一樣的人」，有這種典範存在的話，更能激勵人心，因為你自然知道自己還有哪些不足、該如何努力。

因此，打拼型的商務人士，在閱讀同業界的成功者所寫的暢銷書後，就會以該人為典範，積極參加他的講座。

我個人認為，找到一位可以成為典範的作者，讀過他的十本著作後，應該就能理解他的思考與行動模式。

不過，絕對不能「因為是暢銷書作者」、「因為在該業界有非常亮眼的成績」等理由就選他為典範。

為何？因為**人有適性問題**。

例如，對積極上門推銷這種方式感到痛苦的人，即便讀了「成功上門推銷二千件而成為業界第一！」這種人所寫的書，並加以模仿，也應該無法順利達標。

因為那位作者對積極上門推銷並不排斥，他有顆堅韌的心，即使吃了閉門羹、被擺臭臉，也能繼續衝鋒陷陣。

然而，並非人人有此功力，恐怕更多人是對方一皺起眉頭便沮喪不已。這種人如果拼命以「那個善於主動上門推銷的作者為典範」，結果只會換得一身挫折與疲憊。

並非那位作者的方法錯了，也不是讀者努力不足，單純只因為各人適合的手段不同。你要選擇的典範，必須是**對方已經以你想採用的方式輕鬆獲致成功**，或者，**他並非以你不能接受的方式獲得成功，而是另有方法**。

當然，如果你要在公司內部尋找典範，道理也一樣。

沒必要因為對方是你的直屬上司，你就必須承襲他的做事方式。既然一起工作，多少有點無奈，但最好先冷靜思考一下。

例如，上司認為用電話死纏爛打是有效的推銷方式，而不擅長電話應對的部屬若跟著照做，當然不會有好成果。成果不佳，上司對那位部屬自然評價惡劣。換句話說，強迫自己依循上司的方式去做，但做不出好結果也了無意義。

這種時候，請另尋其他上司或前輩吧。如果你認為「與其打電話，自己比較適合當面談」的話，就去尋找用這種方式做出成績的人。

平常就多觀察那個人的做事方式，找機會坐在他旁邊與他聊天。如果是同事的話，就請他喝一杯向他請教吧。

學習適合自己的做法，然後又能做出成績的話，上司自然給予好評。

並非凡事都要「嚴格磨練自己」。

不要搞錯努力的方向，才是確實提升自己的捷徑。

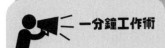

尋找典範的方法

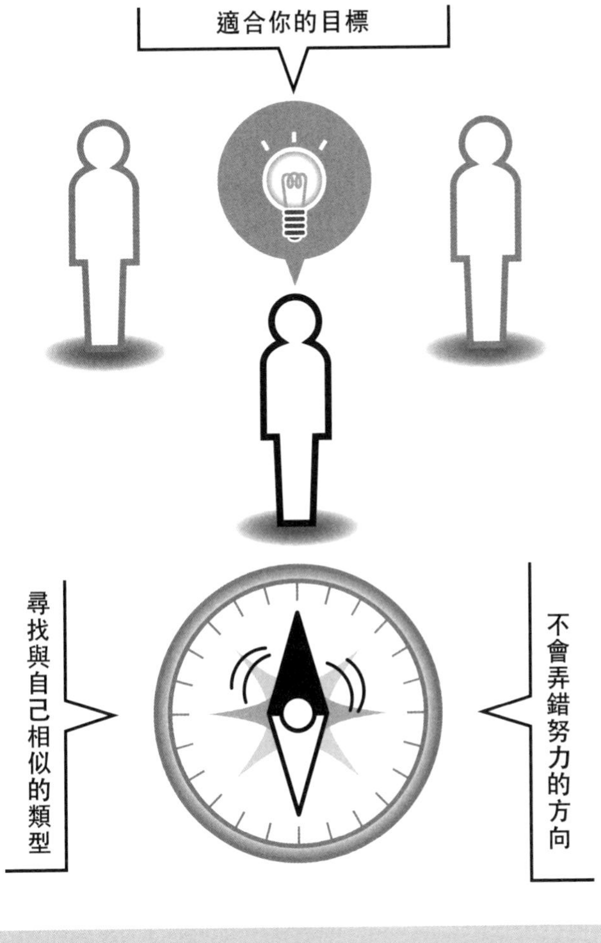

05 「不重蹈覆轍」的一分鐘筆記術

人在年輕的時候經過越多挑戰，自然也會累積越多失敗經驗。

年輕時的小小失敗，總是能夠獲得原諒。有些上司還會為你著想，面對你犯錯，多半說聲「你的經驗不足，失敗也無可厚非」、「下次注意點」也就沒事了。

大家都說時下的年輕人已經沒有挑戰精神了，因此只要你敢挑戰，或許就有前輩願意提供建議。

也就是說，今日這個時代，對年輕的你來說，其實是個美好年代。

當然，不能因為年輕就犯下努力不夠或疏忽的錯誤。也不能一再重蹈覆轍。

初犯的錯誤將成為人生資產，你將獲得「原來這麼做會招致失敗」這個經驗值，因此，周遭人會原諒你。

但是，若不能善用這個經驗值而一錯再錯的人，就不會得到上司和公司的原諒。

以現實問題來說，犯同樣的錯誤，又跑一遍同樣的解決方式，實在是太浪費時間。

為了能從失敗中獲取教訓，不再重蹈覆轍，可以將失敗經驗記在記事本中。**每次要工作時，就花一分鐘好好看一遍失敗筆記**。

「不能反問客戶說『您不知道吧？』，那樣對方會認為你當他是白痴。」

「要勤於向〇〇公司的承辦人報告。若是一週都沒有聯絡，對方會抱怨。」

諸如此類，犯了錯、惹了麻煩後，簡單將事態記錄一下，並將「不能做〇〇事」寫得一目了然。

誰都會犯錯、失敗。不過，二十歲的失敗和四十歲的失敗，結果很可能天壤之別。後者多半已經晉身為處理重要工作的地位，如果失敗，對公司造成的損失肯定不小。弄個不好，連自己的人生都搞砸了也說不定。

你不可能永遠年輕，因此有必要趁年輕累積一些失敗經驗，學習如何避免犯錯及解決之道。

某大企業的人力資源部門主管表示，以前都是重視學歷並採用應屆畢業生，但現在改變方針了。尤其從國中起一路順利升上大學的人，即便是名校畢業也不太採用了。

為什麼呢？因為他們從未遭遇挫折。

他們幾乎沒有失敗和被嚴厲糾正過的經驗，因此，一旦犯錯被上司斥責幾句就不來上班了，有時他們的父母還會跑來公司抱怨。儘管公司會聽完他們父母的不滿，但顯然對那個當事人沒半點好處，因為公司也會「受不了這種蠢事」。

不能積極看待失敗的人就不會反省，結果就不能有所成長。

趁年輕，不妨多累積能被容許的失敗，從失敗中努力汲取教訓吧。

一分鐘工作術

將小失敗當成人生資產

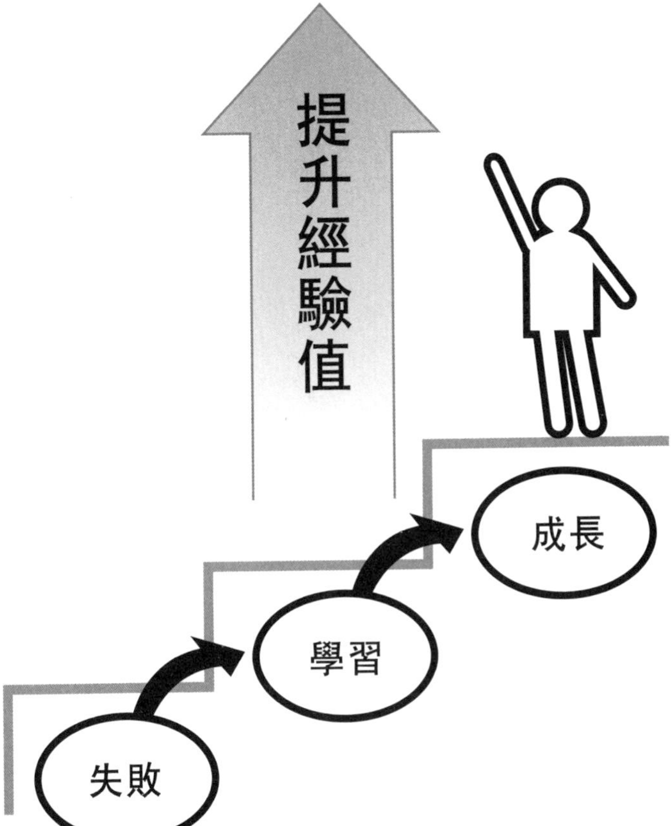

06 「討厭的上司」有很多值得學習之處

或許你也有合不來的上司和前輩吧。

跟這類人共事，想必有很多不愉快的時光。

「為什麼課長那麼喜歡強人所難！」

「那個前輩明明沒實力，卻受到那麼好的待遇！」

我很能理解這種心情。

不過，若以這種眼光看待周遭，是你自己的損失，因此請立即轉念吧。

為何？因為那些人**比你「待在公司的時間長」**，換言之**「資歷和經驗都更豐富」**。

你不懂的地方，或許他們都很清楚。

若如此，應該好好借用他們的智慧才對。

例如發生糾紛時，你急得跳腳，前輩卻經驗老道地解決完畢。一聊起來，說不定對方就會大方給你建議：「之前也發生過類似的事，就是這樣解決的。」

身邊的上司和前輩們，**個個都是一本活字典，能夠幫助我成長——**。

能夠這樣想才是正確的作法。

即便才能不高的人，也擁有「經驗」這項資產。反之，即便你多麼優秀，也無法擁有這些人的經驗。

如此一想，你便知道不論哪種上司和前輩，都具有莫大的價值。

重要的是那個人能夠「幫助自己成長多少」，而非那個人的風評如何。

請多多向前輩和上司請益，從他們的經驗中汲取智慧吧。

盡可能從任何人身上汲取優點，然後變成自己的才能，這就是優秀者的成功模式。

07 閱讀「以實用為前提」

事業成功的人經常閱讀，不過，未必精讀，他們會瀏覽或快速掃過，有時還僅看標題而已，這樣的話，一分鐘就讀完了。

此外，成功之士所閱讀的商業書或實用書等「能提升自己的書籍」，說穿了都是一種「準備作業」。總之，既然是為**解決問題而去尋找方法**，那找到合適的解決方法就達到目的了。

如果漫不經心地讀下去，讀完一整本後才覺得「好像增加了點知識」，那麼讀那本書根本毫無意義。

閱讀商業用書，目的不在讀完它，而是**找到自己受用的啟示和建議**。

有效率地讀書，必須先確立目的：「是為了解決什麼問題而讀這本書？」

「下了很多工夫推銷商品，但對方始終沒有令人滿意的回應。」

「無法和初次見面的人順利交流。」

「希望提升別人對自己的評價。」

先確定自己是為了解決什麼樣的困擾才去閱讀相關書籍。目的確立後，最先看的部分應該是「目錄」。

商業書與實用書的目錄，能一目了然地看出每一篇章設定的主題及談到哪些內容，若看到自己想知道的解決方法時，就從那裡開始閱讀。如果覺得受用，就連前後篇章也看一看。

如果不是自己想看的內容，就再找找其他篇章。

但若「找不到自己想要的內容」，就趕快闔上書本，另尋他書吧。

以這種態度閱讀，就沒必要讀完一整本書。以休閒為目的而看小說則另當別論，**為了商業目的而讀書，則是越快讀完越好**。

當然，開卷有益，只不過書中難免夾雜著你完全不需要的資訊。腦中輸入了不必要的資訊，自然排擠掉必要資訊的空間。還是盡可能將腦容量空出來，才能有效吸收新知。

自動送上門的電子報也一樣，請勿收到就讀，應養成三思的好習慣：「真有閱讀的必要嗎？」

尤其是付費的電子報，往往心生「既然寄來了，不讀可惜」的心理。

不過，如果看了標題後並沒有你想閱讀的內容，就直接丟了吧。**重要的不是你付出的費用，而是你的時間**。

請自行篩選資訊，不必要的就斷然捨棄。

閱讀之前，請先確立你的實用目標。

這樣就能確實減少不需要的閱讀工夫。

08 「與工作無關的書」能拓展眼界

我向來是以目的取向而閱讀商業書和實用書，但平時的休閒時光，我的閱讀狀態很輕鬆，可說什麼書都讀。

如果僅閱讀與工作相關的書籍，能增加的知識畢竟有限，而且，發想和創意還容易僵化，因為我們的思考回路難以超越一定的框架。

這種時候，不妨讀一讀之前**完全沒興趣的書**，**說不定能夠打破藩籬**，**為你找到出口**。透過閱讀接觸未知的世界，是對大腦最棒的刺激，因此請勿拘泥，宜多多閱讀不同類型的書。

如果不知從何著手，乾脆選擇暢銷書吧。

熱賣商品自有熱賣的理由。書籍也一樣。找出它熱賣的理由，思考能不能應用於自己的工作上，或許就更容易激發出嶄新的靈感。

順帶一提，我們並非學者，沒必要去讀晦澀艱深的書。比如說相同主題有很多本書，**請盡量挑選簡明易解的內容**，因為我們能閱讀的時間有限。

我本身為了考取房地產交易經紀人資格而研讀時，起初是從漫畫圖解書籍開始閱讀。就算完全無相關知識也能輕鬆理解，而閱讀過程中，會自然而然學習到一些艱澀的專業術語。得到這些預備知識後，再進一步閱讀稍微專業的書籍，也能夠更有效率地吸收。

此外，有一種讀書方法不必刻意打開書本。最近，許多商業書籍和自我啟發叢書，都推出了有聲CD，或是收錄講座內容的CD等，都是方便好用的產品。

何不利用通勤或午休時間，更有效率地學習呢？

1分鐘高效工作術

6種一分鐘思維與71項實戰心法，讓你工作提速、業績超標、下班準時！

作　　者—松尾昭仁
譯　　者—林美琪
內頁設計—李宜芝
封面設計—張溥輝(Peter Chang)
主　　編—林憶純
責任編輯—林謹瓊
行銷企劃—王聖惠
董 事 長
總 經 理—趙政岷
第五編輯部總監—梁芳春
出 版 者 —時報文化出版企業股份有限公司
10803台北市和平西路三段240號七樓
發行專線—(02) 2306-6842
讀者服務專線—0800-231-705、(02) 2304-7103
讀者服務傳真—(02) 2304-6858
郵撥—1934-4724時報文化出版公司
信箱—台北郵政79～99信箱
時報悅讀網—www.readingtimes.com.tw
電子郵箱—history@readingtimes.com.tw
法律顧問—理律法律事務所 陳長文律師、李念祖律師
初版一刷—2016年3月
定　　價—新台幣260元

⊙行政院新聞局局版北市業字第八〇號

國家圖書館出版品預行編目資料

1分鐘高效工作術：6種一分鐘思維與71項實戰心法,讓你工作提速、業績超標、下班準時! / 松尾昭仁著；林美琪譯. -- 初版. -- 臺北市：時報文化, 2016.03　面；　公分

譯自：1分間「仕事術」

ISBN 978-957-13-6552-7(平裝)

1.職場成功法　2.工作效率

494.35　　105001212

1-PUNKAN "SHIGOTO-JYUTSU" by Akihito Matsuo